"十四五"普通高等教育本科部委级规划教材

珠宝首饰图案设计

周兮　编著

中国纺织出版社有限公司

内 容 提 要

本书是"十四五"普通高等教育本科部委级规划教材。本书从珠宝首饰图案设计的基本原理入手，以完整清晰的讲解方式，讲述了珠宝首饰图案设计的概念、设计方法、设计类型等，包含了每一类别珠宝首饰图案类型的设计思维、设计表现及构图，并精心挑选大量具有代表性的作品，让概念一目了然。整本书的基本理论、图片和文字说明相辅相成，总结了珠宝首饰图案设计的基本流程，并在最后一章归纳了各珠宝品牌涉及的图案设计案例，加强了理论与实践的联系。

本书既可以作为高等院校珠宝首饰设计专业学生的教科书，也可供相关从业人员参考借鉴。

图书在版编目（CIP）数据

珠宝首饰图案设计 / 周兮编著 . -- 北京：中国纺织出版社有限公司，2023.6

"十四五"普通高等教育本科部委级规划教材

ISBN 978-7-5229-0567-9

Ⅰ.①珠… Ⅱ.①周… Ⅲ.①首饰—图案设计—高等学校—教材 Ⅳ.① TS934.3

中国国家版本馆 CIP 数据核字（2023）第 079766 号

责任编辑：宗　静　　特约编辑：渠水清
责任校对：王蕙莹　　责任印制：王艳丽

中国纺织出版社有限公司出版发行
地址：北京市朝阳区百子湾东里 A407 号楼　　邮政编码：100124
销售电话：010—67004422　　传真：010—87155801
http://www.c-textilep.com
中国纺织出版社天猫旗舰店
官方微博 http://weibo.com/2119887771
北京通天印刷有限责任公司印刷　各地新华书店经销
2023 年 6 月第 1 版第 1 次印刷
开本：787×1092　1/16　印张：6.75
字数：95 千字　定价：59.80 元

　　珠宝首饰图案设计是随着时间的推移不断变化的设计艺术。在与现代工艺技术与时尚审美相结合的过程中，珠宝首饰图案设计大胆探索，不断推陈出新，为创造出更有特色与价值的珠宝首饰奠定基础。本教材一方面注重人才培养，从专业技术手法上通过理论与实例相结合，教会阅读者设计的技巧，富有实用性；另一方面注重弘扬民族文化，推广传统工艺，书中的案例大量运用中国传统文化元素，丰富本书的内涵，增强阅读者的文化自信与民族认同，希望能给不断推陈出新的珠宝首饰设计专业提供新的设计思路。

　　本书的特色是从基础理论到应用理论的详细覆盖。基础理论包括珠宝首饰图案设计的概念与分类，珠宝首饰图案设计的审美与作用；应用理论是一个复杂而又详细的过程，从珠宝首饰图案设计的原理开始讲解，逐步进入设计方法、灵感来源、主题设计，最后到表现手段，层层递进，让无论是珠宝首饰图案设计初学者、从业者、首饰爱好者都能有所收获。

　　书中大量作品为华南农业大学2018级、2019级服饰设计方向学生的设计实践，凝结了指导老师与同学的心血，在此表示感谢！同时也感谢深圳珠宝博物馆提供的实物拍摄图片，为本书增加了精美的案例！本书由华南农业大学服装与服饰专业教研室主任周兮主编，同时得到了另外两位老师的大力支持，番禺职业技术学院的闫黎老师负责编写第四章，华南农业大学的潘子广老师负责编写第六章"珠宝首饰图案的工艺表现技法"部分内容，在此表示感谢！

最后感谢中国纺织出版社有限公司提供的机会，如果这本教材能够对所有的从业者和学生有所帮助，笔者将十分欣慰，衷心期望各界学者不吝赐教！

编著者

2022年4月于华南农业大学

珠宝首饰图案设计

002

教学内容及课时安排

章 / 课时	课程性质 / 课时	节	课程内容
第一章 （2 课时）	基础理论 （2 课时）	●	概述
		一	珠宝首饰图案的概念与分类
		二	珠宝首饰图案的审美与作用
第二章 （8 课时）	应用理论与训练 （46 课时）	●	珠宝首饰图案设计的原理
		一	珠宝首饰图案设计的构成形式
		二	珠宝首饰图案设计的色彩应用
第三章 （10 课时）		●	珠宝首饰图案设计的方法
		一	珠宝首饰图案设计的方法及规律
		二	珠宝首饰图案设计的原则
第四章 （10 课时）		●	珠宝首饰图案设计的灵感来源
		一	中国传统图案
		二	欧洲传统图案
第五章 （10 课时）		●	珠宝首饰图案设计的主题
		一	动物主题珠宝首饰图案设计
		二	植物花卉主题珠宝首饰图案设计
		三	抽象几何主题珠宝首饰图案设计
第六章 （8 课时）		●	珠宝首饰图案设计的表现方法
		一	珠宝首饰图案设计的表现及应用
		二	珠宝首饰图案的工艺表现技法

注　各院校可根据自身的教学特点和教学计划对课程时数进行调整。

目录

CONTENTS

概述

第一章

课题名称： 概述

课题内容： 1. 珠宝首饰图案的概念与分类

            2. 珠宝首饰图案的审美与作用

上课时数： 2课时

教学目的： 使学生认识了解珠宝首饰图案的分类，体会珠宝首饰图案的美，体会图案在首饰设计中的起到的作用。

教学方式： 多媒体讲解。

教学要求： 1. 掌握珠宝图案的概念、分类。

            2. 体会珠宝首饰图案的视觉美。

            3. 认识基本首饰图案的功能。

课前准备： 阅读相关书籍，查阅相关图片。

第一节　珠宝首饰图案的概念与分类

一、珠宝首饰图案的概念

1. 图案

图案一词，主要含义是"形制、纹饰、色彩的设计方案"。从广义上讲，图案就是设计一切器物的造型及表面装饰纹样的整体设计，既是实用美术、装饰美术、工业美术、建筑美术等关于色彩、造型、结构的预想设计，也是工艺、材料、用途、经济、美观、实用等条件制约下图样、模型的统称。

图案所涉及的领域非常广泛，衣食住行用无所不包。由于服务对象不同、应用领域各异，图案会有不同的分类方法。当我们将图案应用到专业设计中，基础图案将成为专业图案的准备阶段。在这个过程中，用装饰性的形态语言，把自然界中的各种形态加工、整理、变化为源于生活又高于生活的装饰图形。

2. 珠宝首饰图案

珠宝首饰图案是图案艺术中一种独特的艺术形式，体现了对器物造型的整体设计，同时也是集工业、建筑、雕塑、材料等多种形式的综合表现。珠宝首饰图案有着悠久的历史、深厚的积淀，从新石器时代算起，在其发生、发展的历史过程中，具有与人类物质与文化生活息息相关的、极其广泛的表现形态。从夏商周时期簪头的设计到明清时期的凤冠等，不仅起着装饰的作用，还能较为直观地表达设计者的设计思想和情感。除此之外，珠宝首饰图案还具有一定的社会象征性，如明代的冠饰图案造型（图1-1），代表着不同的阶级，反映了当时的社会伦理，体现了佩戴者的身份和地位。

随着信息时代和图像技术的发展，珠宝首饰图案已经不局限于传统的工艺美术手法，许多新的图形图像技术应用形成了新的首饰图案呈现形式，如3D打印、全息投影等。无论时代如何发展，在人们生

图1-1　明定陵出土凤冠

活水平得到普遍提高的今天，珠宝首饰变得更日常，而图案之美就显得更为重要。充分利用珠宝首饰图案做点缀，可以使着装更具层次感和人性化。

二、珠宝首饰图案的分类

珠宝首饰图案分为平面图案和立体图案两种，由于目前在分类标准上暂无统一标准，鉴于珠宝首饰图案涉及材料的运用和造型的特殊性，我们可以从不同的角度对其图案进行阐述。

1. 按表现内容分类

按照表现内容，珠宝首饰图案可以分为花卉图案、动物图案、人物图案、景物图案、抽象图案等。常用的花卉图案既有中国传统的梅兰竹菊，代表富贵的牡丹，代表高洁的荷花等；也有带着浓郁西方色彩的丁香、紫罗兰、郁金香等。

动物图案是最受珠宝首饰设计师们青睐的图案之一。我们常常在珠宝首饰中运用龙、凤凰、麒麟、鹿、仙鹤、孔雀、鱼、蝴蝶和十二生肖的图案，各种变化惟妙惟肖。在西方珠宝世界，动物依然是永恒的话题，如在国际品牌卡地亚的珠宝世界中，动物就占有举足轻重的地位（图1-2）。灵动的造型与珍贵的材料交相辉映，从各种造型的雀鸟到千姿百态的猎豹，卡地亚的设计师凭借深厚的造型功底，结合精湛的工艺，突出表现宝石自身的光泽，不断见证着美学与传统的传承。

在珠宝首饰图案的表现中，人物总是以写实的形式出现，造型完整，形态有的滑稽，有的憨态可掬。较为常用的人物图案有历史人物、福禄寿三星、仙女、神人等。

在珠宝首饰设计中，景物图案使用最多的就是祥云、海水、山石及代表中国园林的亭台楼阁（图1-3）。抽象图案有文字、几何形等，许多现代设计的首饰常使用抽象图案。

图1-2　卡地亚猎豹戒指

图1-3　水波纹套件设计（作者：冯熠珅）

003

2. 按工艺手法分类

珠宝首饰图案造型需要运用材料自身的特性表现新的思想内涵。自然材料和人工材料的多样性特征，为设计师创作图案提供丰富的物质基础。总的来说，珠宝首饰图案设计的表现工艺可以分为铸造工艺、花丝工艺、錾花工艺、金珠粒工艺、珐琅工艺。

（1）铸造工艺：是金属艺术中最古老的成型工艺之一。首饰可以通过多种铸造工艺快速、准确地进行造型的改变，做好铸造的形体设计可以把握造型的规律，提高生产效率。

（2）花丝工艺：是将扁平纯银丝或纯度很高的金丝盘一起，组成丰富的图案，可以用较粗的丝通常做图案的边框。花丝的图案可用各种工具来做，或盘或绕。在传统金饰图案设计中，类似祥云、海水、植物线条等都常常运用花丝工艺来做造型（图1-4）。

（3）錾花工艺：是利用錾子将图案錾刻在金属表面，用浮雕的方式将图案的立体效果表现出来，金属表面的突起和凹陷是图案设计的关键。

（4）金珠粒工艺：是在金银首饰中常常使用的。许多的金珠粒可以由点、线、面构成各种图案。有时随便播撒珠粒也是图案设计的一种手法。

（5）珐琅工艺：是一种独特的金属工艺，我国在明朝时期就将这种工艺发展到登峰造极的境地。珐琅因其绚丽的色彩、丰富的图案造型，赢得现代首饰设计师的青睐。以掐丝珐琅为例，设计师可以根据设计需要完成图案初步造型，然后焊到金属胎上，继而往图案造型的格子里填釉料烧结而成，图案在色块的区分下自然而然形成（图1-5）。

图1-4　传统花丝工艺瓶

图1-5　珐琅工艺

以上从工艺手法和表现内容对珠宝首饰图案进行了分类。思考角度不同，分类的方法也各不相同。新技术、新思维、新视点的出现，会给我们带来更多的新的分类标准。

 ## 第二节 珠宝首饰图案的审美与作用

一、珠宝首饰图案美学

首饰图案是人类文化观念、意识形态的反映与产物，远古时期部落用动物牙骨做成项链、戒指、手环，作为家族标志；封建社会时期用各种奇珍异宝来构成首饰图案，象征身份和等级；现代社会运用多种图案来彰显个性和内心情绪。首饰图案触及了一个民族的文化心理和意识形态，如中国商代青铜器中的饕餮纹、明清时期冠饰的龙凤纹、敦煌壁画飞天图、古代埃及的壁画和浮雕、墨西哥的玛雅神像等，这些装饰图案中，都有读不完的社会、历史和艺术信息。图案与历史、考古、宗教、哲学、心理学等都有着密切的联系。

学术界对于首饰图案的美学形态进行分类，大致分为自然美学、艺术美学和社会美学三种。

1. 自然美学

自然美学是一种自在客体的美。人类以审美的眼光，将其关于美的知识与智慧投射到自然界中，在首饰图案中我们常常见到山水花草、鱼虫鸟兽等自然物，这些图案显示了人们对自然的崇拜与喜爱。正如中国的首饰设计师常常将云纹、水波纹等运用到图案设计中，满足人们对美的需求。著名时尚品牌香奈儿（Chanel）将山茶花作为品牌识别的标志，将它设计在珍珠项链、手链、手提包等装饰物上，引起人们的审美快感，形成品牌形象认知。

2. 艺术美学

珠宝首饰图案艺术美学蕴含着符合人们生理与心理需求的形式美的基本原理。图案纹样的排序是有规律的，遵循形式美法则，在变化中求统一。珠宝首饰图案艺术美学包含对称与统一、节奏与韵律等多种艺术形式。例如，埃及首饰的平行排列、中国首饰的左右对称，都映射出种种思想文化内涵。

3. 社会美学

珠宝首饰图案的社会美学从本质上看，是人类社会实践的产物。人类以审美的目光，将关于美的知识投射到社会事物上，创造出能反映人类社会发展的图案形式，形成首饰图案的社会美。社会美学比自然美学要丰富、复杂、深邃得多，因其主体的复杂性，其表现形式和表现内容也多种多样。

二、珠宝首饰图案的功能

1. 装饰功能

一位法国人类学家曾经讲过："世界上固有不穿衣服的蛮族存在，但不装饰身体的民族却从来没有见过。"人类关于美的知识和智慧，都集中运用概括的手段，在身体装饰中体现出来。我们对外界进行图案临摹的基础上，进行典型化的处理，并将其应用于珠宝首饰中。通常，首饰图案能够与服装相得益彰，起到修饰、点缀的作用，使原本在视觉形式上显得单调的服装产生层次感和色彩的变化。尤其在使用不同材质来表现首饰图案的时候，如贵金属与彩色宝石自然纹样的设计，或者纯粹贵金属动物图案的设计，其肌理与光泽都能同服装的面料形成鲜明的对比，不仅能渲染珠宝的艺术价值，更能提高个人形象的审美内涵。

装饰往往是修饰自身的一个部分。首饰图案具有视差矫正的作用，可提醒、夸张、掩盖人体的部位特征。利用首饰图案自身的造型产生一种视觉差，以掩盖使用对象的形体和服装的空缺，弥补不完整感，起到画龙点睛的作用（图1-6）。

首饰图案还可以起到"强调"的作用，以局部设计为主，加强和突出服装局部视觉效果，增加亮度，形成视觉张力。例如，女王的胸针、王冠等，都带有强烈的震撼力，带有夸张意味的图案也将王权的力量显示出来，以达到事半功倍的效果（图1-7）。

图1-6 对比装饰的胸针
　　（作者：杨隽浩）

图1-7 卢浮宫王冠

2. 象征寓意功能

象征是借助事物间的联系，用特定的事物来表现某种精神或表达某种意义。我国古代图腾艺术中，常借用某种形象象征性地表现抽象的概念。如中国传统文化中的"龙"象征至高无上的权力，"蝙蝠"象征福气，"松、鹤"象征长寿等，这些图案进而演变成珠宝首饰中常见的图案类型，并被广泛运用到饰品设计中。首饰图案作为一种象征，作为人文观念的载体，在等级制度森严的封建社会时有体现。当然，这些传统的象征寓意随着时间的推移和文化的发展，其宗教、阶层的象征意义已不再重要，人们更多地将吉祥如意的象征意义发挥得更淋漓尽致，在许多情况下，拥有吉祥含义的纯粹的装饰图案会受到人们的喜爱（图1-8）。

中国的首饰内涵丰富，寓意深刻，常常会寄托或隐含某种意义，以寄托设计者的情志，如明清时期有很多吉祥的图案，莲花鲤鱼寓意连年有余，麒麟寓意送子。我们常常将这些图案用写实的手法运用到金属饰品的设计中，在我国最具有代表性的是"龙凤呈祥""梅、兰、竹、菊"等图案，这些图案被认为是吉祥寓意的综合表达，丰富而生动地表达我国人民的思想（图1-9）。

在外国的远古社会，环状的图案被经常运用到设计中，它是人们最崇拜的万物之主——太阳神的象征，预示着温暖与希望，也象征着美德与永恒（图1-10）。直到近代，俄罗斯都还有这种传说：新郎戴圆形的金戒指，象征着火红的太阳，新娘戴半圆的银戒指，象征着皎洁的月亮。

3. 标识功能

首饰图案的标识功能，是它的社会功能

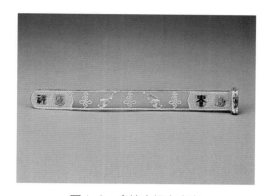

图1-8 金镂空蝠寿扁方

图1-9 麒麟送子项链

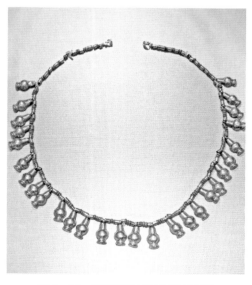

图1-10 苏美尔时代的环状项链

之一，其作为一种简单的符号，向人们完成传递信息的任务。首饰图案具有不同的符号功能，即标识性图案符号和宣传性图案符号。标识性图案符号的作用往往存在于一个群体或一个固定组织中，如原始部落中同一个部落族人均带有相同符号元素的项圈、臂饰或戒指，人们通过这些符号标志就可以确定对方的身份。在现代社会，运动员、乐队甚至军人的徽章，都体现的共同特点——醒目整洁，便于识别。另外，首饰图案还具有宣传功能。在传统的封建王朝，我们可以通过珠宝首饰的图案特点判断出使用者的身份特征。而现在，许多国际著名品牌也将标识图案用到首饰设计中，例如，香奈儿LOGO中的两个大写的C，就常常出现在其耳饰、珍珠项链中，一目了然。

本章小结

· 珠宝首饰按照表现的内容和工艺手法的分类。
· 珠宝首饰图案的功能包括装饰功能、象征寓意功能和标识功能。

思考题

1. 珠宝首饰图案的概念是什么？
2. 珠宝首饰图案的分类方法有哪些？
3. 珠宝首饰图案的功能包括哪些？具体有什么作用和影响？

珠宝首饰图案设计的原理

第二章

课题名称： 珠宝首饰图案设计的原理

课题内容： 1. 珠宝首饰图案设计的构成形式

　　　　　　2. 珠宝首饰图案设计的色彩应用

上课时数： 8课时

教学目的： 使学生掌握各种首饰图案的构成形式，能够设计创作图案色彩与形式，进行协调的珠宝首饰图案配色。

教学方式： 多媒体讲解，实训练习。

教学要求： 1. 掌握珠宝首饰图案设计构成形式特点。

　　　　　　2. 掌握珠宝首饰图案色彩应用及方法。

课前准备： 绘图工具，查阅相关书籍。

第一节　珠宝首饰图案设计的构成形式

一、珠宝首饰图案设计的构图分类

图案的组合是珠宝首饰图案设计的基础，合理的构图形式是图案组合设计成功的关键。构图形式包括图案整体的透视关系、骨架结构配置等，简单来说，就是将各元素、各单位图案按照一定形式组合起来构成画面，使画面能够清晰地表达设计者的意图、达到装饰的效果并具有一定美感的规划形式。

常见的构图形式有：格律式构图、平视式构图、立视式构图、散点式构图、组合式构图五种。

1. 格律式构图

在珠宝首饰的图案中，格律式构图包含垂直式、中心式、对称式、均衡式、弧线式等。

（1）垂直式：是垂直排列图案元素的构图形式，这种方式给人庄严有力、挺拔向上的视觉感受，一般通过平行排列的镶嵌、贵金属骨架设计（图2-1）等表现画面，画面整体干净有力，是加强画面形式感染力的重要手段。

（2）中心式：是将图案元素集中放置在画面的中心位置，使人的视线集中，从而达到突出画面主体、主次分明的效果，有稳定、强势、聚集、突出的视觉感受，往往用于大颗粒的主石设计（图2-2）。

图2-1　垂直排列式设计手链　　　　图2-2　中心式设计蛋形祖母绿
（作者：邹纪雯）

（3）对称式：构图严谨有序，具有稳定的特点，虽然容易产生呆板的、缺少变化的视觉感受，但珠宝首饰的总体图案面积小。尤其在一些相对传统的金饰和宝石类基础款设计中，对称无疑是使构图最饱满的设计方式之一（图2-3）。

（4）均衡式：骨架形式不受中轴线和中心点的限制，没有对称的结构，但有对称的重心，由形的对称变为力的对称，给人以同量不同形的感觉，体现了变化中的稳定。

（5）弧线式：是以弧线为骨架结构线，营造活泼、动感与富有韵律的视觉感受，是格律式构图中最具动感与张力的构图形式，同时有效地营造画面空间感，使画面充满生命力（图2-4）。

图2-3　对称式设计首饰

图2-4　弧线式设计软玉套装
（作者：冯熠珅）

2. 平视式构图

平视式构图是一种自由构图形式，其构成方法是视点不集中，对所描绘的动物植物一律平视，只表现最能体现物象特征和姿态的一面，特别注意轮廓清晰，影像不重叠，是一种平静、稳定、舒适、安宁的构图形式（图2-5）。

3. 立视式构图

立视式构图的特点是前景不挡后景，景物可以上下、左右无限延伸，也是一种具有浪漫主义色彩和中国特色的构图形式。它描绘的事物不仅可以做到具体、详细，而且可以使场面宏大，中国传统绘画常常用这种构图形式。此外，一些婚嫁类首饰使用这种构图方式较多（图2-6）。

图2-5　平视式构图首饰
（作者：王芷娴）

图2-6　钿子（清代后妃）

4. 散点式构图

散点式构图源于中国传统绘画，是具有民族特色的一种透视法。我们可以用活动的视点观察设计，视线自由移动，随意变化，通常出现在那些碎石较多、设计感丰富的首饰图案中（图2-7）。

5. 组合式构图

组合式构图是将两种或多种构图形式的骨架线相结合，作为画面构图骨架的构图方式。这样的构图方式使画面更加灵活多变、约束较少，能充分表现主题，使画面富有张力和趣味性（图2-8）。

图2-7　黄金翡翠吊坠——齐天大圣

图2-8　珠宝套装设计（作者：刘君萍）

二、珠宝首饰图案设计的形式美法则

图案形式感的核心在于程式化和秩序化，二者相互联系、相互制约。程式化就是创作者在创作中根据主题和审美需求，按照一定的格式表现客观世界。比如在珠宝首饰图案中，我们可以将风、云、雷、电这些运动的图案状态静止化；也可以将不存在的事物变得可视化，如龙凤图案；还可以将抽象无形的事物变成具体实在的形象，如福禄寿等。程式化是复杂的，不同的民族有不同的程式化图案语言，即使同一民族的不同地域，其图案风格也有很大区别。例如，西欧国家喜欢极具张力的图案，我们国家更喜欢相对饱满、柔和的图案，这些都是经过多少代人不断积累而形成的风俗（图2-9、图2-10）。

图2-9　异形珠设计

图2-10　翡翠骏马

秩序化就是将自然状态的事物按照一定秩序进行排列，建立一种人为的艺术秩序，使观赏者产生一种同步的情绪共鸣。秩序存在于宇宙万物之中，大到宇宙天体，小到动物、花卉、微生物，只要认真分析，都可以发现其规律和秩序。所以说造型艺术世界也是秩序的世界。在图案设计中，有秩序是美的，无秩序是不美的。

1. 对称与均衡

（1）对称。在珠宝首饰图案设计中，对称是比较常见的。动物的双翼，花卉的叶子、花朵、果实等，都是以对称的形式有规律地表现出来。一些跟中国传统建筑有关的图形，都采用对称的形式出现，在视觉上具有庄重、肃穆的效果，但过多的对称重复会使人感觉单调、呆板。

在设计图案时，我们将对称分为绝对对称和相对对称。绝对对称在人们的日常生

图2-11 明代女子头面、分心

活中有广泛运用，寓意婚嫁、节日的很多设计中都会运用到绝对对称，有完美和成双成对的吉祥寓意（图2-11）。相对对称是指在绝对对称的结构中有少部分内容出现不对称的现象。这种形式既不失对称的稳定感，又显得灵活自由。例如，一些传统的西方饰品，在大的对称结构中，人物、动物或植物图案安排自由，形式统一，整体造型大同小异，同时又因左右差异，丰富了人们的视觉感受（图2-12）。

（2）均衡。均衡也称平衡，不受中轴线和中心点的限制，没有对称结构，但有对称重心。均衡由形的对称变为力的对称，给人以同量不同形的感觉，体现变化中的稳定（图2-13）。

图2-12 雷神山、火神山图案珠宝

图2-13 均衡式设计吊坠（作者：陈艳华）

2. 条理与反复

（1）条理。条理作为图案的一种形式美法则，就是将繁杂的自然现象有规律地加以整理、概括，使之成为变化有序的统一体。条理越单纯，所形成的画面效果越庄重、整齐；条理越复杂，所形成的画面效果越活泼、自由。

（2）反复。反复是相同或相似的形象或单元以某种形式有规律地重复排列，给人以单纯、整齐的美感，如细胞排列等。在珠宝首饰图案设计中，反复会让人感到快乐和生命的活力，并且能突出首饰的材质和宝石的色彩；如果反复运用不好，也会产生单调乏味的感觉（图2-14）。

3. 对比与调和

（1）对比。对比包括画面构图方面的虚实、方向、聚散等对比，造型方面的大小、长短、方圆、粗细、曲直、疏密等对比，色彩方面的明度、色相、纯度、冷暖的对比。另外，珠宝首饰图案设计可以通过采用不同的材料质感、颜色和不同工艺手段对比。在图案设计中，众多的对比因素让最终的设计产生了丰富的变化，活跃了画面效果（图2-15）。但是如果过分强调对比，尤其对于首饰总体构图比较小的图案设计，会使画面显得过分突兀，让人难以接受。

（2）调和。所谓调和，就是使构成各种强烈对比的因素协调、统一，使之趋向缓和。

4. 动感与静感

在图案设计中，实际上的动与静是不存在的，所有图案无论采用什么形式和表现方法，都是静止不变的。所谓的动感与静感，是画面的内容与真实的感受相联系而产生的。动感与静感来自人们的视觉经验，是相对存在的。例如，在珠宝首饰图案设计中，水波纹、云纹等都是常常运用的元素，我们用曲线的造型表现翻腾的海浪或水波纹，这就是动感的感受；当海浪或云朵的面积增大，趋于面的设计，这就倾向静感。在色彩方面，

图2-14　雪花图案项链

图2-15　聚散结合设计的套装项链
（作者：肖涵）

通常来说对比强烈的色调属于动感，对比含蓄的色调倾向静感。类似宝格丽、卡地亚这些珠宝品牌，大粒彩色宝石设计，贵金属与彩色宝石对比强烈，结合曲线轮廓的造

型，生动形象地展示图案中"动"的魅力（图2-16）。

5. 节奏与韵律

节奏来自音乐，韵律来自诗歌。同音乐与诗歌一样，图案也有自己的节奏与韵律。节奏不仅是图案骨架的组织基础和美感的基础，也是自然现象审美意义的条件之一。一般来讲，在珠宝首饰设计中，无论是色彩结构还是造型规律，都存在一条或隐或现的主线。它好像乐章的主旋律一样，贯穿于结构的始终。设计师在设计一个作品的时候，往往不会只着眼于点、线、面的局部安排，而是全面统筹，在有限的范围内，装饰元素中千变万化各种形态，比如以中国古典绘画为背景的珠宝首饰创作中，离不开一条总体主线的决策，这也是我们常常说的骨架。图案的骨架使设计更规范、更有条理、更单纯（图2-17）。

图2-16　强烈色彩对比的项链套装
（作者：陈艳华）

图2-17　节奏感设计的手镯

第二节　珠宝首饰图案设计的色彩应用

一、色彩的色调对比

色彩的冷、暖色调是指在珠宝首饰设计当中，通过色彩的呈现为受众带来视觉上的刺激，使人产生或冷或暖的视觉感受。在自然界，宝石颜色丰富，品种多样，有冷色调的绿色、蓝色和暖色调的红色、橙色。这时我们可将绿色、青色和蓝色色调作为冷色，在设计的过程中，通过冷色调营造出一种清澈、纯净的效果；而红色、橙色和黄色色调通常情况下被定义为暖色，可以营造出一种浪漫、甜美的视觉效果。

在珠宝首饰设计中，各种颜色的宝石常常被镶嵌在一起，这些宝石会形成对比色，如红色与绿色、蓝色与橙色等组成的色调。这样搭配的珠宝，色相感鲜明，虽然各色互相排斥，但效果强烈醒目，活泼丰富，这时我们需要注意不要让人感觉杂乱和突兀（图2-18）。珠宝首饰的色彩面积往往比较小，如果是对比色调的运用更容易让人感觉杂乱没有规律，从而造成视觉疲劳。因此，对比色调的设计需要建立色组，采用多种调和手段来改善对比效果，比如，运用主石和碎石建立色组，或运用金属托的颜色作为过渡色来调和等。

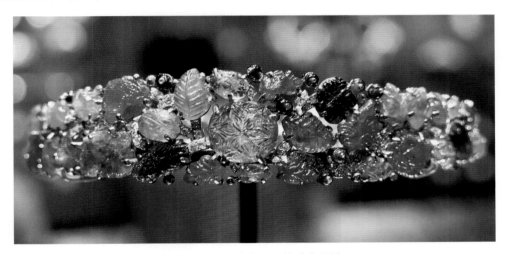

图2-18　对比色运用的珠宝设计

二、色彩的轻重感

色彩的明度是指一种色彩的明暗程度。在通常情况下，我们可以通过色彩的明度来判断色彩的轻重感。明度较高的色彩更鲜明、轻薄，因此更容易呈现出"轻"的视觉效果；而明度较低的色彩看上去更加沉着稳重、厚重，因此更容易营造出"重"的感觉。

视觉效果轻的珠宝首饰，无论从材质、工艺还是宝石本身的透明度，都给人轻快的感觉。往往在夏季的时候，这类饰品的设计更常见（图2-19）。

视觉效果重的珠宝首饰，整体设计效果厚重，会给人沉闷的感觉，因此如果能配少量纯色或高明度的色彩作为点缀，增加整体图案的活力也是不错的设计（图2-20）。

图2-19　视觉效果"轻"的珠宝首饰　　　　　图2-20　视觉效果"重"的珠宝首饰

三、色彩的进退感

　　在珠宝首饰设计中，色彩的进退感是相对而言的，我们可以通过色彩的明度和色调来判断色彩的"进"与"退"。低明度或冷色调的色彩看上去更加平和、沉静，更容易产生后退的视觉感受，比如一些不透明的宝石，或现在市面上最流行的贵金属钛，都可以在设计的时候作为低明度的视觉设计来做搭配。高明度或是暖色调的色彩看上去更加鲜活抢眼，因此更容易产生前进的视觉感受。例如当红宝石或红色的尖晶石等暖色调宝石和贵金属搭配镶嵌的时候，由于宝石本身的火彩、颜色和设计要求，往往成为一件设计作品中高明度的设计色彩搭配，突出在设计的中心，目的也是让人们首先能够看到它，既体现宝石本身的魅力，又能让设计具有层次感（图2-21）。

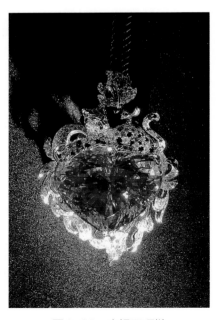

图2-21　摩根石项链

四、色彩的面积对比

在珠宝首饰设计中，面积的对比效果是相对而言的，所占面积较大的色彩更容易奠定元素的情感基调，掌握元素的主题风格；而所占面积小的色彩能够起到点缀与装饰的作用，将视觉主题升华。

1. 色彩面积不能平均分配

珠宝首饰以对比色或互补色进行组合配色时，色彩的面积在分量上不能平均分配，而应以一种或一组色彩为主，形成主色调。主色调是色彩之间取得和谐的重要手段，它就像乐队的指挥，把各种色彩统一在指挥棒下。

2. 选择适当的主打色

在常规的珠宝首饰设计中，不同的色彩搭配比例直接影响到最终的视觉效果。珠宝首饰不同于其他产品设计，色彩是已知存在的，我们要做的就是按照科学的搭配原理，完成色彩的搭配设计。当设计中某个色彩占据主导地位并且以高明度为主，那么就需要搭配低明度的大面积的背景色，使设计更具有层次感，产生一种明朗、轻快的气氛（图2-22）。当整个色调以低明度为主时，我们不妨用小面积的碎石做高光，既能保持它原有设计的庄重平稳，又能提高整体的亮度（图2-23）。

图2-22 高明度色彩对比设计

图2-23 低明度色彩对比设计

图2-24　红宝石项链（作者：冯熠珅）

图2-25　火欧泊吊坠

图2-26　黄钻菠萝耳饰（作者：陈艳华）

五、珠宝首饰设计基础色的应用

在设计的过程中，我们可大致将珠宝首饰的色彩分为红、橙、黄、绿、青、蓝、紫、白。不同的色彩所营造出的色彩效果与风格各不相同，设计时既要注重天然色彩的呈现与展示，也要注重色彩比例的调和。

1. 红色

红色是可见光谱中长波末端的颜色，鲜艳而又活跃，在珠宝首饰设计中，红色被赋予爱情与浪漫的双重定义，美艳而又尊贵（图2-24）。红色在与无彩色系中的黑色和白色这对极具艺术效果的对比色进行搭配时，常常作为点缀色运用，是整体设计的点睛之笔，打造前卫生动的装饰效果；高饱和度的红色与青色、金属光泽相搭配，打造出美艳且具有复古气息的装饰效果；红色作为装饰元素与无色的钻石搭配，打造出浪漫而动感的装饰效果。

2. 橙色

橙色是介于红色与黄色之间的色彩，既有红色的热情，又有黄色的鲜活，在珠宝首饰设计中常常被赋予温暖与活力的色彩情感（图2-25）。当橙色与透明的宝石材料或者具有金属光泽的元素搭配时，其视觉效果华丽、可爱；当橙色作为主色与无彩色系的黑色搭配时，作品整体更具有强烈的视觉感染力；当橙色作为主色调与深灰色的金属材料搭配时，作品会显得稳重而不失活泼。

3. 黄色

黄色是众多色彩中最为温暖的颜色，象征着积极与轻快。在珠宝首饰设计中，黄色打造温暖与明媚的视觉效果，使珠宝的气质得到升华（图2-26）。当整件作品以纯金的黄色为主打色调时，会给人鲜亮活泼并具有十足视觉冲击力的装饰效果；当选用鲜黄色的彩色宝石为主色时，则显示出奢华而又美艳的装饰效果。

4. 绿色

绿色是珠宝首饰中常用的颜色，在设计中会营造出一种复古、优雅的迷人魅力。有的绿色色调较深，这种低明度、高饱和度的色彩浓郁而又带有浓厚的复古气息，将其应用在珠宝首饰设计当中呈现出高雅贵气的效果（图2-27）。有的绿色青翠通透，与金属光泽相搭配，产生清新、有活力的装饰效果。

5. 青色

青色是一种介于绿色和蓝色中间的色彩，较难分辨，在宝石中常常出现。我们在设计过程中，当无法界定一种颜色偏蓝还是偏绿时，就称其为青色。在天然形成的宝石中，群青是一个常常见到的品种，它的饱和度比较高，如果将它作为作品的主色调，会打造出高雅而神秘的装饰效果（图2-28）。

6. 蓝色

蓝色是宝石中最重要的颜色之一。在珠宝首饰设计中，蓝色既可以作为点缀色，使整体设计显得沉稳，又可以在设计中作为主色，突出宝石的高贵优雅。皇家蓝是蓝色宝石中最昂贵的颜色之一，它是一种深邃而又纯净的色彩，可以与无色透明的钻石相搭配，打造庄重、高贵的装饰效果（图2-29）。

7. 紫色

紫色是醒目而又时尚的颜色，在日常的设计中，紫色的珠宝首饰会为佩戴者增添无限的高贵与优雅。在天然珠宝里，碧玺中的蔷薇紫色比较突出。这是一种柔和而又淡雅的色彩，可以与带有金属光泽的金色相搭配，打造浪漫

图2-27　橄榄石吊坠设计

图2-28　西方远古时期的青色串珠

图2-29　蓝宝石套装项链（作者：毕盈）

又尊贵的装饰效果（图2-30）。

8. 黑、白、灰

白色是珠宝设计中最受欢迎的颜色，被认为是无色，具有优雅、纯洁无瑕的视觉效果，最具有代表性的宝石就是珍珠，它拥有柔和而又纯净的色彩，将珍珠与有色的宝石相搭配，会产生雅致恬静的视觉感。除珍珠白以外，无彩色系的宝石中，无色的钻石也是不可忽略的，将它与贵金属相搭配，也可以打造精致奢华的装饰效果（图2-31）。

图2-30　紫水晶套装项链

图2-31　无色钻石与海螺珠的搭配

本章小结

·珠宝首饰图案设计的构图分类分为两种，一种是按照表现内容分，另一种是按照工艺手法分。

·珠宝首饰图案的形式美法则包括对称与平衡、条理与反复、动感与静感、节奏与韵律、对比与调和，理解所有形式美法则是本节的重点。

·珠宝首饰图案设计中色彩的应用方法包括色调对比、色彩"轻""重"感、色彩"进""退"感，色彩的面积对比及基础色的应用。

1. 珠宝首饰图案的设计构图分类有哪些?
2. 珠宝首饰图案的形式美法则有哪些?
3. 珠宝首饰图案在色彩应用上有什么特点?

第二章　珠宝首饰图案设计的原理

第三章

珠宝首饰图案设计的方法

课题名称： 珠宝首饰图案设计的方法

课题内容： 1. 珠宝首饰图案设计的方法及规律

           2. 珠宝首饰图案设计的原则

上课时数： 10课时

教学目的： 能够掌握各种图案的设计方法，对图案进行多方面的处理，正确表达设计主题与设计原则。

教学方式： 多媒体讲解，实训练习。

教学要求： 1. 掌握珠宝首饰图案设计规律。

           2. 掌握珠宝首饰图案设计原则。

课前准备： 学习珠宝首饰图案绘制方法，阅读相关书籍，查找相关图片。

第一节 珠宝首饰图案设计的方法及规律

珠宝首饰图案设计的目的，就是将自然形象中美的因素进行必要的组合、归纳、分析和整理，把设计师具有创造性的艺术想象力加以程式化的抽象概括，并融入设计者的内在情感与设计追求，以艺术美的形式表现在图案形象中。而珠宝首饰图案的设计方法，就是为达到这个目的而采取的必要的途径、步骤和手段。它建立在对过去经验的总结以及对新方法的探索，涉及珠宝首饰的外观造型、色彩搭配、工艺肌理等多方面的内容，我们把珠宝首饰图案设计的具体方法概括为：提炼、夸张、添加、抽象等。

一、提炼

提炼又称为简化归纳，是一种将图案形态化的方法，在装饰变化的过程中，对各种复杂的自然界图案状态进行有秩序地梳理，使其构图、造型、纹理都规律化、条理化，将局部细节省略归纳。提炼是珠宝首饰图案设计中运用最广泛的手法，图案运用金属的材质可保留突出的轮廓特征，体现纹理的美感，形成韵律美和秩序感。常见的提炼方法有以下几种：

1. 外形提炼

外形提炼方法主要着眼于物象的外轮廓变化，强调外轮廓的整体性和特征性，省略物象的立体层次和细枝末节，多选择最佳表现角度，即最能体现物象特征的正视图、侧视图和俯视图，用直线或曲线形成外轮廓（图3-1）。我国传统的珐琅工艺会常常运用到这种手法。

图3-1 鹿魂（作者：陈艳华）

2. 线面归纳概括

线面归纳概括方法是用线或面概括地表现物体的结构、轮廓或光影的明暗变化，省略中间的细微层次，用线条勾勒和留白的手法进行图案设计。贵金属外轮廓设计、传统的花丝工艺都采用这种手法（图3-2）。

二、夸张

夸张是设计中一种常用的表现手法，能够增强艺术表现效果，鲜明地揭示事物的本质，通过把图案中的某些特征加以突出、夸大和强调，原有形象特征更加鲜明、生动和典型，增强艺术感染力。夸张手法有局部夸张、整体夸张、动态夸张、抽象夸张等。

1. 局部夸张

局部夸张是珠宝首饰设计中较常见的设计手法，即强化物象中的某一部分，通过改变比例和结构来强化主题、增加装饰效果，为达到特定的表现目的，淡化其他部分而强化局部特征。一些国际品牌首饰设计在运用局部夸张的手法时，会在夸张的部分镶嵌高品质的宝石，既能展示宝石的魅力，也能突出局部特征，达到图案设计的效果（图3-3）。

2. 整体夸张

整体夸张突出夸大物象的外形特征，淡化局部或细节，使其趋向性更大，整体形象更加鲜明、强烈（图3-4）。例如，在表现婚嫁类等具有美好寓意的首饰时，可将福字、喜字、龙凤、花卉等图案整体放大，将其概括成流线型，塑造出热闹喜庆的形象。

3. 动态夸张

动态夸张是指在珠宝首饰图案设计中、将翻滚的浪花、飘动的云朵、活泼的动物等表现出来，夸张它们的动态，使本身具有的力感和运动感更明

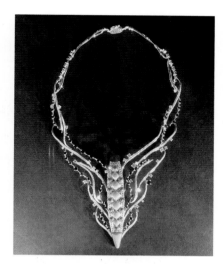

图3-2　同舟共济

图3-3　蝙蝠翅膀（作者：王学艳）

图3-4　造型夸张的首饰

显。比如在表现竹子时，我们会将竹叶的形状做变形，让它具有动态感；又如在表现蛇时，设计师会夸张蛇的某个动作状态。动态夸张能更好地表现动作特征，增加动感或节奏感（图3-5）。

4. 抽象夸张

抽象夸张是将具有方、圆、曲、直等形式倾向的物象形态加以强化，变成垂直、水平几何曲线、规则几何形等，使物象更具装饰性（图3-6）。抽象夸张在一些现代首饰设计中体现较为明显，例如，将字母以符号的形式夸张出来，是这种设计手法的精妙之处。

图3-5　蛇梦（作者：杨隽浩）

图3-6　鱼造型首饰（作者：黄瑜）

三、抽象

抽象是利用几何变形的手法，对首饰图案形象进行变化整理，通常用几何直线或曲线对图案的外形进行抽象概括处理，将其归纳组成几何形体，使其具有简洁明快的现代美感。首饰中常常借用中国古代的回纹、卷云纹、水纹、八达纹等，都是非常成功的抽象纹样，寓意吉利绵长，既可以用在首饰图案的造型设计，也可用于首饰图案的色彩间隔设计（图3-7）。

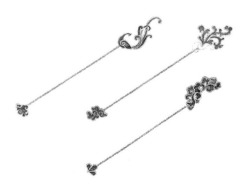

图3-7　水波纹簪（作者：周婉婷）

四、加强

加强是一种常用的图案设计手法，它能够使视线一开始就关注在最主要的部分，再由主要部分向其他部分逐渐转移。加强不等同于夸张，夸张针对轮廓而言，会有一定的改变，但是加强是醒目的设计，往往是想表达宝石的美丽或引导人们关注设计细节，可以通过颜色对比、金属对比等，设法使视线远离身体中美中不足的地方。例如，在翡翠设计中，我们会用金属镶嵌配石的方法吸引人们的注意力，弥补翡翠中水头相对不好的部位，最大限度地展现图案的美丽（图3-8）。

图3-8　火龙果造型首饰（作者：陈艳华）

第二节　珠宝首饰图案设计的原则

珠宝首饰图案设计是人类能力与社会进步的体现，也是文学艺术、传统工艺的进步。当然，无论哪种创作形式，创造性和实用性都是不可分割的两个方面，忽略基本装饰设计原则的图案设计是不能被消费者接受的。

一、饰体性原则

饰体性原则是珠宝首饰图案应对人体的形态、部位，突出表现装饰和美化作用。由于珠宝首饰本身的体积较小，属于局部装饰，所以，在珠宝首饰图案设计的过程中，设计师应该针对设计对象的具体部位，使图案造型最大限度地与之相匹配，所以它与设计部位是相互映衬、互相补充的。

在饰体性装饰设计原则的指导下，图案可以提醒、夸张或掩盖部位特征，表现气质个性；而人体本身的一些部位，又可以使图案更加醒目、生动，富有意趣。珠宝首饰图案本身就是一个具有立体效果的形态，不局限于平面的完美，多角度空间感也是它配合人体特征的重要表现。例如，设计耳饰时，设计师既可以充分利用耳廓的形态，用贵金属特性设计出流线型的线条，形成具有自然张力的点线面图案；也可以利用耳垂到脖子的空间距离，设计各种风格的图案，突出女性优美的颈部线条（图3-9）。

因此，珠宝首饰图案的饰体原则，表现在珠宝与人体的空间表达效果上，无论是针对耳、手指、手腕、颈部、胸部、肩部还是脚腕、脚趾的哪一个部位做设计，首饰图案要与首饰塑造的空间感相一致（图3-10）。

图3-9　繁花似锦（作者：吴枫晴）　　　　图3-10　金属编织艺术（作者：黄晓君）

二、创造性原则

珠宝首饰图案的创造，需要在局限的空间内打破常规，这种创造不一定是前无古人后无来者，而是可以在前人创造成果的基础上进行再创作，把别人没有充分表现的内容继续完善，或从全新的角度重新表达和设计。例如，在非传统的新型材料上，利用花丝工艺的传统手法，创造出造型丰富的立体图案，或利用珠宝首饰中已有的动物造型，结合全新的材料，形成新的动态图案（图3-11）。

珠宝首饰图案虽然可以站在前人的肩膀上借鉴多样的成果，但仍然必须讲究原创性，哪怕这种原创并不是前所未有，只是创意形象构成的众多因素之一。任何创作都要建立在已有

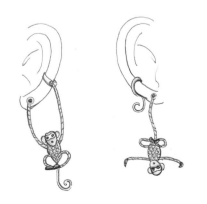

图3-11　动物动态设计（作者：邹纪雯）

的事物上，与已有事物的某些形象和元素相联系。例如，动物造型在珠宝首饰图案中的应用，是世界各大珠宝设计师们特别青睐的题材，我们选择这类题材做设计的时候，应该考虑如何打破已有的形态、造型、色彩、材料，或者如何运用已存在的构成形式，去达到新颖独特、与众不同的效果。要学会抓住事物的特性，寻找立意表现上的新角度，结合时代的需求，充分展示自己独特的认识和新颖的观念。

珠宝首饰图案设计立意要新颖，想法要奇特，结合时代的需求。首饰本身是个物质载体，具有一定的内涵，不仅包括视觉造型方面，还包括设计师的观念和认知。无论采用哪种图案造型，设计师都需要把握发展现状。近几年来，国潮的涌现无疑给设计师拓宽了创作之路，各大珠宝品牌都开始进行传统的中国风设计。珠宝设计师需要清楚地把握发展的方向，在博大精深的中国传统文化中，挖掘出受世人关注的设计亮点，在创作中不断比较和创新，做出更有创造力和说服力的作品。

三、协调性原则

协调性原则主要是指图案设计的构成形式要与人体动态相协调。珠宝首饰图案设计首先考虑首饰的装饰性，其次应该考虑首饰的功能性。首饰它被视为实用性、技术因素、意识形态、造型形式的结合。由于佩戴者处于运动状态，尤其是耳饰、头饰、项链、戒指等，本身也处于一种不断运动的过程，珠宝材料的光影和明暗变化也因此呈运动状态，向观者展示出一种动态美。

首饰材料的设计特殊性还在于材料本身。颜色、光泽、透明度是珠宝的重要特征，设计师通过协调性图案，针对宝石的透明度、切割方式、颜色等，做出相匹配的镶嵌设计，最大限度地突出宝石的美丽。

除了设计形式的协调，珠宝首饰还要与佩戴者精神相协调。珠宝首饰的协调性设计，与珠宝所体现的精神因素密不可分。红宝石的热情、蓝宝石的高贵、祖母绿的复古、珍珠的柔美、黄金的富贵，结合首饰图案表现得淋漓尽致。因此，从本质上讲，对珠宝首饰的审美思考，也是为了显示人的美。如果珠宝首饰图案设计不能使佩戴者展现出自己的美丽，图案设计就失去了它的实用意义，也未能达到形式与精神的和谐统一（图3-12）。

图3-12　翡翠设计（作者：旷晓颖）

任何具有形式美感的首饰图案，只有与相应的图案和佩戴者的气质和谐统一，珠宝图案的内蕴美才能发挥出来。珠宝首饰本身有固定的消费群体，因此准确地针对自己的受众群体进行设计非常重要，这是与其他纯艺术创作不同之处。消费群体的社会构成复杂，与职业、教育背景、个人喜好、审美趣味以及收入状况有关，在设计首饰时，需要考虑消费群体的特征，做到让佩戴者与珠宝达到整体的和谐美感。

本章小结

·珠宝首饰图案设计的方法包括提炼、夸张、抽象和加强等。
·珠宝首饰图案设计的原则包括饰体性原则、创造性原则与协调性原则。

思考题

1. 珠宝首饰图案的设计原则有哪些？
2. 珠宝首饰图案设计中，不同的设计原则之间有什么异同？

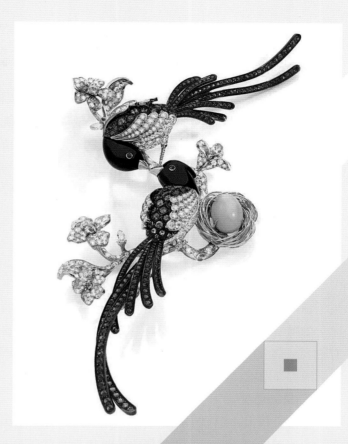

第四章

珠宝首饰图案设计的灵感来源

课题名称： 珠宝首饰图案设计的灵感来源

课题内容： 1. 中国传统图案

　　　　　　 2. 欧洲传统图案

上课时数： 10课时

教学目的： 熟悉不同时期传统图案的特点，作为
　　　　　　 设计题材的积累。

教学方式： 理论与实训相结合。

教学要求： 1. 掌握珠宝首饰图案的灵感来源。

　　　　　　 2. 掌握珠宝首饰图案题材与借鉴
　　　　　　 方法。

课前准备： 绘图工具，查阅相关书籍。

珠宝首饰图案设计

第一节　中国传统图案

中华民族优秀传统图案有着悠久的历史，在不断沉淀过程中体现出了不同的风格，是集历史、文化、自然等因素于一体的表现形式。传统图案大多寓意吉祥，蕴含着劳动人民的期盼和对美好生活的向往，主要分为动物、植物、字符等造型。中国传统图案注重图案的装饰性和完整性，常采用对称式、中心式的构图方式，使画面感更强，整体更加和谐，体现出中国人含蓄内敛、中庸和谐的精神思想。

一、动物图案

在我国远古时期，动物已经成为人类生产生活中不可或缺的一部分，人们对其产生了深厚的感情，或敬畏、或依赖。仰韶文化时期陶器上的鱼纹、鸟纹；青铜时期器皿上的饕餮纹、夔龙纹等都反映着人们对动物图案的喜爱。珠宝首饰的设计题材中也有很大一部分以动物图案为灵感来源，大体包括象征图腾崇拜的龙凤图案、蕴含美好寓意的吉祥图案、传达国人情感的生肖图案等。

1. 龙凤图案

在博大精深的中国传统图案中，龙凤图案有着悠久的历史，充满了神秘的东方色彩。龙凤图案形神兼备，不仅代表着封建社会至高无上的皇权，更是民间传达吉祥祝福的符号，表现了人们趋吉避凶、祈福纳祥的思想观念。龙凤图案在中国首饰设计中的影响一直延续至今，从大量出土的春秋战国时期的龙凤形玉佩来看，虽然造型简单，但龙凤神态迥异，而且形态多样。现代首饰设计在借鉴中国传统龙凤图案的设计过程中，更加注重物象外形与结构的解构设计、寓意的承接和理念的延伸。

如图4-1所示，为珠宝大师陈世英用一颗由帝王翡翠、红宝石和彩钻精制而成的"苍龙教子"胸针。其中，红宝石点缀的神龙双眼炯炯有神，其威武的形象跃然而出。

如图4-2所示，作品"龙"获大溪地珍珠首饰设计比赛的区域奖项亚军。作品展现的是一条镶有钻石的龙，身体呈曲线形围绕

图4-1　"苍龙教子"胸针

在三颗珍珠之上而成，龙的神态栩栩如生，利用较复杂的设计来突显出珍珠之美，创意十足。

婚庆首饰承载着爱与祝福，有着极其深远的文化品位。虽然如今的婚庆首饰陆续推出更加年轻化的金饰设计，但龙凤图案在国内的婚庆首饰市场仍然占据着很大的比重。在中国传统文化中，"龙"作为男性的形象代表，"凤"作为女性的形象代表，"龙凤呈祥"图案向我们展示了二者相得益彰的效果。同时，龙凤图案也寓意夫妻和睦、家庭美满。

图4-2 "龙"吊坠

如图4-3所示为周大福"花月佳期"百合龙凤系列首饰，以龙、凤、百合作为设计元素。设计者对该系列首饰的龙凤造型作了适当的简化处理，龙与凤回首对望，动态飘逸而富有韵律感，整个项饰设计生动而充满活力。

如图4-4所示为周大福故宫文化珠宝"鸾凤和鸣"婚嫁首饰，根据凤鸟的造型特征，采用写实唯美的设计方法，运用流畅的线条表现凤鸟尾部的飘逸与洒脱，红、绿两色宝石的运用也增添了首饰颜色的多样性。

图4-3 "花月佳期"百合龙凤系列婚嫁首饰

图4-4 "鸾凤和鸣"婚嫁首饰

国外一线品牌也开始从中国元素上寻找灵感。卡地亚设计的"龙之吻"珠宝系列，创作灵感主要源于中国龙文化。这个系列的首饰运用黑白两种颜色，大胆地进行色彩

创新，应用西方的审美方式诠释出龙图案所表达的幸福和吉祥（图4-5）。

2. 吉祥图案

中国吉祥图案源远流长，通常都是以吉祥语、民间谚语、神话故事为题材，用借喻、比拟、双关、象征等表现手法，将图案和吉祥语完美结合，形成"图必有意，意必吉祥"的特征，凝结着人们的美好愿望。

古语有云："君子无故，玉不离身。"自古君子比德于玉，常常借玉石内质的温润光洁来比喻自身品德。与玉相关的思想、文化和艺术等，构成了中国独特的玉文化，玉石挂件中通常会选用传统吉祥图案进行设计雕刻。如图4-6所示的"连年有余"翡翠挂件，是由莲花和鲤

图4-5 "龙之吻"系列首饰

鱼组成的吉祥图案。"莲"是"连"的谐音，"鱼"是"余"的谐音，有称颂富裕、祝贺之意。如图4-7所示为王永芳大师的"福在眼前"和田玉籽料挂件，玉质细腻润泽，巧妙运用皮色，将蝙蝠的形象完美刻画，其中增添铜钱的形象，预示"蝠"（福）在眼"钱"（前），更有着财福满满的吉祥寓意。如图4-8所示的"马上封侯"翡翠挂件，由猴子与骏马组成。"猴"与"侯"同音双关，泛指达官权贵。猴子骑于马上，意为马上、立刻之意，此吉祥图案寓意功名指日可待。如图4-9所示的"一路连科"也是玉雕常见吉祥图案之一，由白鹭、莲花（莲叶）、如意等组成，是对科举时代应试考生的祝颂语，表示科举仕途顺利，寓意一路连科、一路如意。

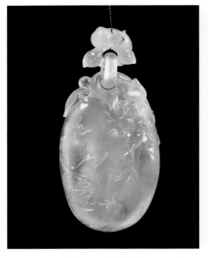

图4-6 "连年有余"翡翠挂件

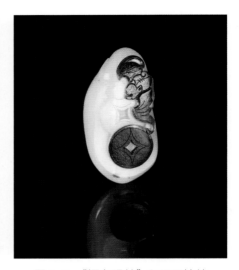

图4-7 "福在眼前"和田玉挂件

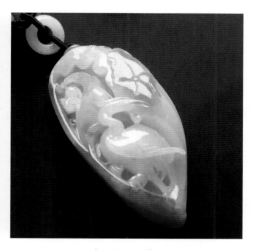

图4-8 "马上封侯"翡翠挂件　　　　　　图4-9 "一路连科"翡翠挂件

　　如图4-10、图4-11所示的两款首饰，运用现代手法设计，代表着传统图案的延续与发展。如图4-10所示为六福珠宝"喜上眉梢"系列中的一条黄金手链。中国民间多以喜鹊比喻喜庆之事，"梅"与"眉"同音，寓意着春天到来，喜事降临，是中国民间最为喜闻乐见的吉祥喜庆图案。六福珠宝的这款"喜上眉梢"在设计手法上打破传统图案限制，采用概括简化手法，将喜鹊造型以剪影方式呈现，下坠可活动梅花一朵，增加整个作品灵动性，作品各部件又组合成"喜"字，构思巧妙，相得益彰。如图4-11所示为华裔珠宝设计师胡茵菲（AnnaHu）的作品"喜上眉梢"，将西方制作工艺与东方吉祥图案结合，利用大量有色宝石与钻石进行镶嵌，赋予传统元素新的生命。

图4-10 "喜上眉梢"手链　　　　　　图4-11 "喜上眉梢"胸针

3. 生肖图案

大约在汉代，我国便出现了十二生肖，陶俑、石刻画像等均有生肖形象出现，唐宋以后的生肖图案发展日渐成熟，具有强烈的民族特色和艺术风格。生肖首饰作为一种极具文化意蕴的首饰类型，以其特有的纪念属性和民俗特征，成为佩戴者寄托美好期盼的载体。十二种动物被人们赋予了诸多的文化意义，如鼠的机警伶俐、牛的憨厚勤劳、虎的威武勇猛、狗的可爱忠诚等。深圳大凡珠宝首饰有限公司举办的TTF生肖设计大赛是由专业珠宝设计师、设计院校学生以及珠宝设计爱好者参加的原创首饰设计比赛，已成功举办了12届，对生肖文化设计理念进行了深入探索，也涌现出一批优秀的生肖首饰设计作品（图4-12~图4-15）。

图4-12　生肖猪设计作品

图4-13　生肖狗设计作品

图4-14　生肖马设计作品

图4-15　生肖蛇设计作品

此外，周大福、六福、周生生、潮宏基等品牌每年都会推出以生肖为主题的首饰产品。这些作品造型或憨态可掬，或俏皮动人，或超萌炫酷，每件都令人忍俊不禁，爱不释手（图4-16~图4-19）。

图4-16　周大福"鼠你牛"手链

图4-17　周生生通花剪纸吊坠

图4-18　六福黄金镂空吊坠

图4-19　谢瑞麟"五德鸡"转运珠

二、植物图案

自然界的植物种类繁多，花草树木形态各异、色彩丰富，本身具有强大的生命力和观赏性，且应用禁忌比较少，这些性质直接促进了植物图案在珠宝首饰设计中的广泛应用。人们在生产生活过程中逐渐地了解植物的特性，并不断地从中发现自然所赋

图4-20　玉兰花胸针（阮仕珍珠）

图4-21　"连理枝"胸针

图4-22　"国色天香"胸针

予其的规律。从秦汉时期的花草纹头饰"华胜"到宋代的头饰"一年景"，再到现代首饰设计，从单纯的直接模仿，到现在对植物形态特征有选择性的、主观的艺术加工，将植物形态作为创作原型是首饰设计的重要表达方式之一。

1. 传统花卉图案

花卉图案作为传统图案的重要组成部分，有着悠久的历史和辉煌的成就，在漫长的历史发展过程中，不同时期的花卉图案都有其不同的意蕴和形态。被广泛应用在设计作品中的花卉主要有梅花、兰花、竹、菊花、莲花、牡丹、松柏等，大都具有隐喻君子高洁品德，或祈福平安、向往美好的寓意。

如图4-20所示的玉兰花胸针，采用巴洛克珍珠与彩色宝石镶嵌而成，整件作品线条优美，简洁大气，色彩统一，散发出内敛雅致的感觉，彰显中国传统女性之美。

如图4-21所示为中国高级珠宝设计师ElsaJin的胸针作品"连理枝"。作品使用轻盈且颜色绚丽的钛金属制作，镶嵌了7.95克拉的彩钻及23.79克拉的彩色蓝宝石，造型自然流畅且大胆，渐变色彩的蓝宝石密镶工艺精湛。

如图4-22所示的"国色天香"胸针是珠宝艺术家陈世英的作品。牡丹花瓣采用钛金属锻造，花瓣婉转妖娆，婀娜多姿，粉橙色的颜色柔美舒展，美丽异常。盛开的鲜花上驻足了两只蜜蜂，让观赏者产生屏气凝神，不敢大声惊扰的想法。

2016年的G20峰会上，浙江诸暨阮仕集团定制了20款以珍珠为元素的纪念版国花胸针，由杭州师范大学王春刚教授担任设计总监。中国作为本次峰会的东道主，故此次胸针选择用牡丹和中国红为设计元素，将花瓣艺术化处理成"心"形，通过镂空技艺，将牡丹的富丽繁华进行抽象化传承，使作品端妍富丽，尽显大国风范（图4-23）。

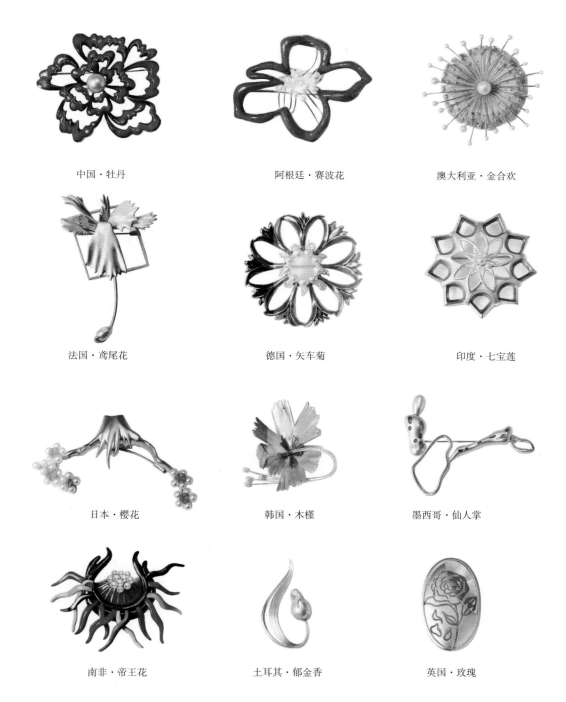

中国·牡丹　　　　　　　阿根廷·赛波花　　　　　　澳大利亚·金合欢

法国·鸢尾花　　　　　　德国·矢车菊　　　　　　　印度·七宝莲

日本·樱花　　　　　　　韩国·木槿　　　　　　　　墨西哥·仙人掌

南非·帝王花　　　　　　土耳其·郁金香　　　　　　英国·玫瑰

图4-23　G20峰会国花胸针

2. 创新融合图案

高级珠宝品牌QEELIN（麒麟珠宝）将精湛的手工珠宝制作工艺糅合于时尚设计中，选用传统图案进行现代方式的设计，去除多余装饰，保留简单的曲线，经过反复的胚模试验调整出满意的倾斜角度。Wulu(葫芦)系列以铂金镶嵌白钻、彩钻或多色蓝宝石，将传统观念里老气横秋的元素进行创新，变成了最时髦的首饰（图4-24）。

（a）耳坠 　　　　　　　　　　　　　（b）吊坠

图4-24　Wulu系列首饰

首饰艺术家张全的作品"藏拙"系列，以玻璃和银丝为主要材质。其中玻璃材质为骨架，金属丝编织工艺制作出花朵的形态镶嵌其中。两种质感的材质穿插交错，弱化了金属给人的冰冷感觉，也为植物花卉图案设计打开了新方向（图4-25）。

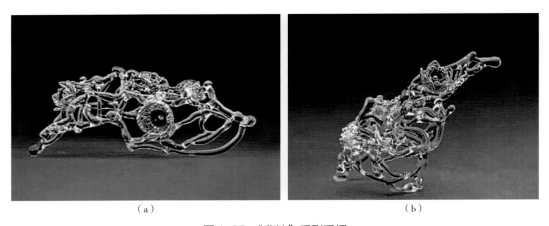

（a）　　　　　　　　　　　　　　　（b）

图4-25　"藏拙"系列手镯

如图4-26、图4-27所示为青年华人珠宝设计师丰吉（FengJ）的作品。丰吉成长于一个充满艺术气息的家庭，山水人物、花鸟鱼虫这些中国艺术元素悄然融入她的生活，造就了她独特的作品气质。其作品强调在三维空间里将光、影、色的斑斓，做到极致的穿透性，创造出如印象派画风的珠宝作品。宝石采用双面玫瑰切割的方式，使火彩和折射都十分迷人，同时让光线有最大穿透性。制作工艺上使用了特殊的分合金版结构和极微镶爪，令众多宝石看起来如同悬浮在空中，轻盈而灵动。

图4-26 "绿色芋百合"戒指

图4-27 "点彩银杏"胸针

如图4-28、图4-29所示是来自中国台湾的首饰艺术家——李恒的作品。其采用传统工艺与数字化科技相结合，将身边的花草树木图案像素化，将激光切割金属与手工刺绣结合，极具冲击力的饱满色彩，让传统的花卉纹样多了一种穿越感，创造了视觉上引人注目的视觉体验。

图4-28 牡丹项饰

图4-29 银杏叶胸针

三、传统文字图案

汉字是迄今为止持续使用时间最长的文字，已有六千多年的历史，也是上古时期各大文字体系中唯一传承下来的。汉字主要起源于记事的象形性图画，从约公元前1300年殷商的甲骨文开始，汉字经历了金文、篆书、隶书、草书、楷书、行书等形式。文字既是文化表达的直接载体，也是记录思想、传达信息的符号，因此经常被用作首饰设计的视觉元素。

1. 传统纹样图案

用文字作为纹饰装饰的传统，始于新石器时代。一些富有吉祥寓意的文字渐渐成为一种特殊的装饰纹样，丰富着人们的社会文化生活，这也是人们审美需求日益提升的必然发展趋势。常见的寿字纹、万字纹、福字纹、喜字纹等都是古代中国传统纹饰之一，属于文字图案的一种。万字纹即"卍"字形纹饰，寓意太阳或火。"卍"字在梵文中寓意"吉祥之所集"，代表吉祥、万福万寿，常用来作为护身符或宗教标志。如图4-30所示为清代银镀金嵌宝石蝠寿万字纹簪，簪中央累丝葫芦一个，葫芦左右两侧为累丝"卍"字形纹饰。如图4-31所示为清代玳瑁镶金嵌珠万字纹手镯一对，此对手镯为万寿纹主题，色彩对比艳丽，玳瑁质镯体上镶嵌万字纹碧玺与寿字纹翡翠，整体风格富贵大气，明艳之下又不失沉着庄重。

图4-30　万字纹簪

图4-31　万字纹手镯

寿字纹以多变的造型、吉祥的寓意深受人们的喜爱，被赋予福寿绵长、福寿安康之意。明清时期，寿文化的内容无处不在，是主流的装饰花纹。从丝织品、首饰、书画等载体中，都可以找到寿字纹的痕迹，人们利用寿字各种字体变化的特点，形成各具特色的纹样图案，使用最多的是长寿纹与圆寿纹。长寿纹将"寿"的字体写得很长，突出长寿概念，表现古人对长寿的向往（图4-32）。圆寿纹整体呈现为圆形，象征着长寿和圆满的吉祥寓意（图4-33）。如图3-34所示为清代寿字纹十八子手串，珠串上金珠镶嵌长寿字与圆寿字，坠角为蝙蝠抱圆寿字牌。如图4-35所示为珊瑚料珠寿字纹耳坠一对，此寿字耳坠点翠珊瑚米珠，小巧精致，玲珑可爱。

喜字纹，或"囍"字纹，中国传统吉祥图案，多用于婚嫁等喜庆场合，表示喜庆与祝福。如图4-36所示为喜字纹镶珠翠青钿子，钿子以黑色丝线缠绕铁丝编织内胎，上缀碧玺双喜字钿花七块，喜字中央镶嵌东珠一颗。如图4-37所示为银镀金点翠串珠

图4-32　长寿纹

图4-33　圆寿纹

图4-34　寿字纹手串

图4-35　寿字纹耳坠

图4-36　喜字纹钿子

图4-37　喜字纹流苏

流苏，点翠挑杆，串饰珍珠与珊瑚双喜纹，下缀红宝石坠角。

　　我国一些地区有儿童佩戴金锁或银锁的风俗，当地人称"平安锁"或"长命锁"，锁盘上涉及百种生动趣味的吉祥图案，通过图像与文字构建符号，有避祸祈福之意。

此外，锁上一面常刻有"长命富贵""福寿万年""长命百岁"等吉祥祝语，另一面则雕出寿桃、蝙蝠、金鱼、莲花等吉祥图案（图4-38、图4-39）。

图4-38　金锁

图4-39　银锁

2. 创新融合图案

当代设计师通过汉字与中国传统纹样的结合，以新的视角重新解读汉字所蕴含的深远文化，让首饰被赋予汉字的文化内涵。国家一级美术师李晓军教授所设计的象形文字作品，是将汉字与当代时尚生活相结合，把汉字作为基础，运用现代的设计手法以更符合现代审美的方式呈现出来，展示了汉字独特的审美魅力（图4-40、图4-41）。

图4-40　汉字元素手链

图4-41　汉字元素耳饰

当代首饰艺术家吴二强在"文脉——关于汉字笔画"艺术胸针设计中，大胆打破汉字整体性，将汉字笔画与首饰艺术进行设计重构，以笔画的独立形式作为首饰的整体造型，展现了汉字笔画的风骨之美（图4-42）。"家训"系列首饰，作者将中国传统家训（如"四海为家""以善为本""天道酬勤"等）以首饰佩戴的形式进行创作表现。作品运用电路板和白铜两种新型材料，与中国传统篆刻艺术进行创新结合，以现代首饰形式弘扬中国传统道德文化（图4-43）。

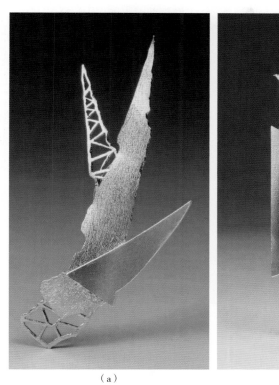

（a） （b）

图4-42 "文脉"系列首饰

（a） （b）

图4-43 "家训"系列首饰

2010年在深圳举办的首个独立设计师作品展——"汉字及书法首饰设计作品展"中也呈现了多幅以汉字为主体的优秀设计师作品，设计师从主题、风格、材料、佩戴形式等方面都做出了不同程度的创新和融合（图4-44、图4-45）。

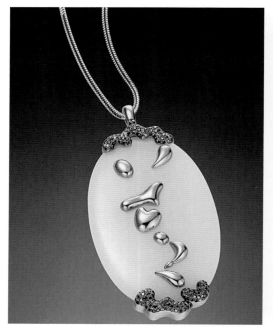

图4-44　上善若水（作者：杜半）

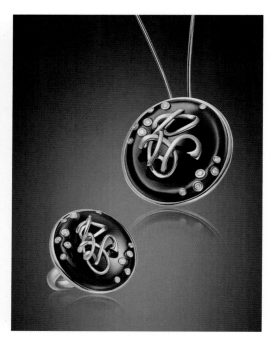

图4-45　家（作者：苏洁峰）

第二节　欧洲传统图案

一、新艺术风格图案

新艺术运动兴起于19世纪末至20世纪初的法国，是一场影响了整个欧洲和北美地区的艺术思潮与实践活动。新艺术运动的爆发几乎涉及艺术设计行业的各个领域，包括建筑、服饰、家具、平面设计、书籍装帧、雕塑、绘画，乃至文学、戏剧、音乐等。新艺术运动倡导自然风格，作品模仿自然界的各种形态，大量运用曲线和生动的形态，搭配大胆的配色原则，不拘泥于条条框框的规矩造型。

1. 倡导自然的题材设计

在新艺术风格时期的首饰中，自然界中的主题和图案获得了大量的运用，花草、飞鸟、昆虫等各式各样的自然造物均有所涉及。另外，女性形象也是一大主题。维多利亚时代，除了浮雕以外，很少出现女性面部、躯体等图案元素，新艺术时期就打破了这种束缚，设计师会将女性形态与自然界元素结合，比如雷诺·拉里克（Rene Ldique）的作品就将女性人体加上蜻蜓翅膀进行设计。可以看出这一时期设计师对于自然界的观察与模仿，但又不是完全的写实，是通过对自然的观察，吸取美的元素，进行设计创新。

如图4-46所示的"蜻蜓女人"是法国设计师拉里克的代表作品。这枚胸针采用金、珐琅、玻璃、绿玉髓、月长石和宝石等材质，雕琢成一名极具女性柔美的蜻蜓女子形象。女性形象与蜻蜓造型完美契合，伸出的双臂设计成蜻蜓的双翅，头部两侧的发髻宛如蜻蜓的眼睛，用珐琅工艺制成的蜻蜓翅膀更是营造出一种灵动的透明质感，点缀的钻石好似真实翅膀在阳光下折射出的光辉。

设计师乔治·富凯（Georges Fouquet）的作品"黄蜂胸针"整体的淡雅色调给人以自然平和之感。长长的茎秆蜿蜒缠绕，如云雾般镶嵌在半月形的背景下，黄蜂探身于花瓣之间，翅膀微张，显得精致而生动（图4-47）。

2. 多彩夸张的造型设计

新艺术首饰的造型设计有意突破以往常用的对称性构图，尝试运用非对称性的、更加自由轻快的结构形式。这一时期的首饰色彩绚丽、搭配协调，呈现出轻松烂漫的感觉。首饰设计师们也开始利用传统宝石之外的其他材料，如玛瑙、母贝、欧泊等半宝石进行首饰造型设计，色彩丰富的珐琅工艺也被广泛应用。新艺术时期也是抽象艺术蓬勃发展的年代。此时，日本的浮世绘传入欧洲，给艺术家们带来了极大的冲击。浮世绘的清瘦纤长、细腻优雅、富有动感韵律的风格特征在首饰作品中得到体现。这些作品用铂金勾勒出抽象的造型，再辅以色彩艳丽的珐琅，造型上也从以往的单纯首饰转向艺术陈列

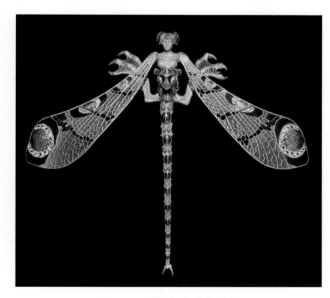

图4-46 "蜻蜓女人"胸针

图4-47 黄蜂胸针

风格的摆件珠宝。

如图4-48所示的"蛇形手镯"是设计师乔治·富凯的作品。眼镜蛇形的手镯缠绕在手腕上，巨大的蛇头伏在手背上，五彩的马赛克装饰成鳞片，与软链连接的小蛇巧妙地形成一个指环。蛇头两侧的透明珐琅羽翼造型夸张，与尾部的设计相互呼应。

如图4-49所示为雷诺·拉里克的另一件作品"鱼形吊坠"。该作品以四条鱼作为造型元素，由钻石、珐琅、海蓝宝镶嵌而成，采用对称和镜像的构图方式排列。鱼的眼睛微微突出，嘴巴大张，身体扭曲成"S"形，整件作品利用夸张的形态和色彩营造出动感神秘的氛围。

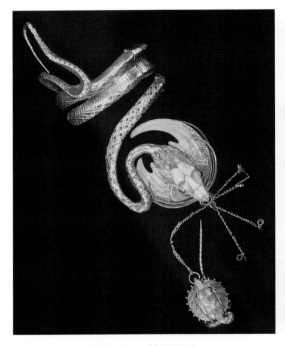

图4-48　蛇形手镯　　　　　　　　　　图4-49　鱼形吊坠

3. 优雅舒展的线条设计

新艺术时期的珠宝风格相比以前有非常明显的变革，最大的特征之一就是柔和、具有流动感的曲线造型，可以象征植物、自然意象、女性形体等意义。设计师把具体形态抽象化，以运动感的线条作为形式美的基础，呈现出繁而不复、柔软舒展的感觉，是新艺术时期首饰的精髓所在。

如图4-50所示的"蜘蛛胸针"现藏于苏黎世里夫博物馆，材料包括欧泊、珍珠、珐琅、钻石和黄金。作品中黄金制作的蜘蛛触角扭动交缠，上部为珐琅工艺制作的绿色扇形并镶嵌钻石，一颗硕大的巴洛克珍珠好似含苞待放的花朵垂在下方。整件作品以动态的曲线作为特色，对植物和动物的纹样进行抽象创作。

如图4-51所示的"蛇形胸针"，设计师运用华丽丰富的弧线造型，对曲线进行夸张的弧线设计，在黄金独有的色泽上烧制出鲜艳的各色珐琅，整件作品风格奇异，体现勃勃生机。

图4-50　蜘蛛胸针

图4-51　蛇形胸针

二、装饰艺术时期图案

第一次世界大战后百废待兴，人们开始寻求一种简洁、干练的服饰观念，装饰艺术风格便于第一次世界大战之后顺势而起。装饰艺术恪守现代主义原则的视觉体现，其风格舍弃了新艺术风格的自然主义形态，选用散发现代气息的利落线条，颂扬科技和机器时代的简约自由，并强调结构，同时舍弃大颗的宝石，改为采用小颗的明亮式切割钻石。

1. 现代美感造型

装饰艺术时期吸收了19世纪末20世纪初因工业文化推动而兴起的机械美学特征，以较为机械式的、几何的、纯粹装饰的线条来进行设计。珠宝早期主要由几何形，如圆形、矩形、三角形、梯形等以直线构成的几何图案，或齿轮、流线型等纯粹装饰的线条来表现，并以明亮且对比鲜明的颜色来彩绘。

如图4-52所示是来自梵克雅宝1929年的祖母绿项链，镶嵌了10颗总重达165克拉的水滴形弧面切

图4-52　祖母绿项链

图4-53　祖母绿耳饰

图4-54　古埃及风格手镯

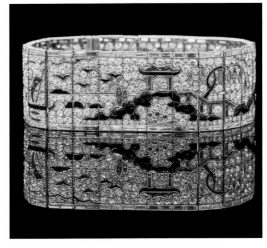

图4-55　中国风格手镯

割祖母绿，由三角形、方形、拱形等几何造型连接而成。

如图4-53所示的祖母绿耳饰，主体造型简洁，去除了多余装饰，密集镶嵌的宝石也是这个时期的艺术特征，对称的设计显露出严谨、稳重、充满现代感的风貌，平添了一份极具韵律感的视觉效果。

2. 多元化的设计风格

装饰艺术时期，珠宝的另一个特征是受到不同文化影响而呈现出浓烈的异域风情色彩。其中之一的设计灵感源自东方的装饰工艺。这一时期的设计作品汲取东方工艺品上的纹饰元素，如中式的亭台楼阁、奇花异兽等带有浓郁民俗风情的图案常常被抽离出来，作为装饰艺术的视觉素材，融入各种设计的装饰之中。另外一个灵感来源于古埃及文化。1922年图坦卡蒙墓被发掘之后，无数的古埃及文物、艺术品的神秘面纱被揭开，使得古埃及文化再次风靡。黄金的材质、强烈的色彩对比、几何对称的图案成为装饰艺术风格最实用的创意源泉。

如图4-54所示为梵克雅宝设计的一款古埃及风格手镯，镶嵌祖母绿、红宝石、玛瑙和钻石。作品使用块状颜色的设计方法，强化装饰艺术的概念，将宝石切割成几何形状镶嵌到金属框架之上，让首饰产生强烈的对比效果。

如图4-55所示为拉克洛式（Lacloche Fre）设计的一款手镯，采用祖母绿、红宝石、钻石等镶嵌而成。图案选取中国典型的园林建筑、亭台楼阁作为设计元素，散发着浓郁的东方气息。

3. 新旧材料的选用

20世纪珠宝制作工艺的发展成熟以及创新材质的应用，催生了新材料的涌现。设计师除了传统的贵重珠宝之外，也更多地选择了珐琅、母贝、玻璃等，创建了一种新设计美学价值。同时，切割方式的改进也改变了宝石的设计效果，对贵金属的加工工艺也起到了促进作用。同时，装饰艺术具有鲜明强烈的色彩特征，通常使用鲜红、鲜黄、鲜蓝、橘红、金、银、铜等强烈的原色和金属色系。

三、巴洛克图案

巴洛克（Baroque)是一种代表欧洲文化的典型的艺术风格，这个词最早来源于葡萄牙语Barroco，意为"不圆的珍珠"，最初特指形状怪异的珍珠。巴洛克风格是文艺复兴之后意大利艺术发展的一个流行风格，17世纪整个欧洲的艺术风格起源是从意大利开始的，然后逐渐推向法国，在法国达到鼎盛。巴洛克风格以浪漫主义设计为出发点，有着繁复夸张、富丽堂皇、富于动感、气势宏大的艺术特征，从建筑开始影响到其他装饰艺术领域，动感、不规则、多变的曲面、花样繁多、不重视实用性、色彩鲜艳、崇尚高度华丽等都是当时艺术造型的特点。

1. 高贵奢华的造型

巴洛克风格的珠宝对于上流社会奢华享乐的推崇，体现在其造型之复杂、装饰之华贵之中，甚至到了烦琐堆砌的程度，用张扬的曲线来表达强烈的动感，色彩感比较强，色彩对比明显、亮丽。金属搭配宝石、陶瓷、玻璃等，装饰效果丰富奢华。巴洛克时期的珠宝首饰，开始变得抽象、对称，把建筑风格中的高贵奢华运用到了极致，有着恢弘的气度和从内而外散发出的自信。它打破了传统艺术理性的宁静和谐，具有浓郁的浪漫主义色彩。

如图4-56所示为法拉赫巴列维加冕王冠，上面总共镶嵌了1541颗宝石，其中包括1469颗钻石、36颗祖母绿宝石、36颗红宝石，还有105颗珍珠和其他宝石，以150克拉的祖母绿为中心进行对称分布。王冠正中由祖母绿、红宝石、珍珠组成并呈发散形排列，犹如太阳散发的光芒，又如绽放的花朵。自由多变的曲线造型像河流一样随意洒脱，给王冠增加了灵动性和活泼性。珍珠的温润、钻石的纯洁和宝石的艳丽无不体现着这顶王冠的顶级奢华之风。

如图4-57所示的项链采用的是巴洛克风格珠宝最有代表性的设计元素——赛维涅蝴蝶结。赛维涅蝴蝶结因法国作家塞维涅夫人而风靡一时，是最早的蝴蝶结珠宝。由于现代设计逐渐抛弃了巴洛克华丽的风格，后期的蝴蝶结变得立体而甜美，被广泛地应用到各类珠宝的设计中。

图4-56　法拉赫巴列维加冕王冠

图4-57　赛维涅蝴蝶结造型项链

2. 浓厚的宗教色彩

　　宗教题材在巴洛克艺术中占有主导的地位，因为从诞生起，巴洛克艺术要得到罗马教廷的支持和庇护，不可避免地要颂扬宗教，因此充满浓厚的宗教色彩。巴洛克珠宝与同时期的其他艺术品一样，受到浓烈的宗教思想的影响，突出的特点是体积更大，十字架在吊坠、耳环、戒指、皇冠中反复出现，这也成为欧洲珠宝史中的一大标志。

图4-58　蝴蝶结造型胸针

　　如图4-58所示是一件收藏在匈牙利国家博物馆的巴洛克时期胸针，整件首饰偏大，基调庄重。上部采用赛维涅蝴蝶结造型，结合西方宗教文化中的十字架造型。整件首饰镶嵌了大量宝石，基本以规则形为主，进行有序排列。

　　在巴洛克风格里，也经常会见到多种材质设计镶嵌的十字架造型，如祖母绿、红宝石、蓝宝石、有机宝石等，雍容华贵，各有风采（图4-59、图4-60）。

3. 大量浮雕的运用

　　浮雕人像在巴洛克风格的宫廷珠宝中也大量地出现过。这种浮雕人像是在平面上雕刻出生动的形象，以线和面结合的方法增强画面的立体感，是一种介于圆雕和绘画之间的艺术表现形式。浮雕的材质比

图4-59　祖母绿吊坠

图4-60　红珊瑚镶珍珠吊坠

较多样，常见的有缟玛瑙、宝石，贝壳等，配以珍珠、钻石、祖母绿等各种宝石，利用色彩精美、纹理别致和光泽诱人的各类材质进行雕刻加工，成为一种极具时代象征的珠宝装饰手法（图4-61）。

（a）

（b）

图4-61　浮雕人像胸针

4. 独特的珍珠风格

在巴洛克时期，优雅高贵的珍珠得到了充分及颠覆传统的发挥，在巴洛克时期欧洲宫廷皇室及贵族中备受青睐。光彩柔美的珍珠在贵族女子服饰中散发着优雅迷人的魅力。巴洛克时期的珍珠，并不是以晶莹圆润为主，巴洛克本身的意为"不圆的珍珠"，更多以珍珠原有的形状设计制作，搭配繁复的工艺和独特的造型。如图4-62所示是一件巴洛克珠吊坠，现收藏于伦敦维多利亚和阿伯特博物馆。吊坠是一条人鱼造型，躯干是一颗硕大的异形珍珠组合而成；脸部和胳膊采用白色珐琅填涂，尾巴主要采用绿色和黄色珐琅，正面镶嵌一颗巨大的雕刻红宝石及其他宝石。人鱼的左手举一块细工雕刻的盾牌，右手握一把土耳其短弯刀，神态生动，栩栩如生。如图4-63所示为巴洛克珍珠做成的一枚花朵胸针，若干巴洛克珍珠作为花朵的花瓣，花蕊用红宝石镶嵌，造型立体生动，仿佛可以感受到花瓣逐渐绽放的姿态。

图4-62　巴洛克珠吊坠

图4-63　巴洛克珠胸针

四、后现代主义风格图案

后现代主义一般是指20世纪中后期艺术中新的表现形式。一批后现代设计师主张以更多形式的美感，来满足人们精神上的审美与情感需求。在后现代主义设计思潮的影响下，首饰已经不单单是装饰品，它不仅是人类美化自身而创造的物质，更是一种对艺术性、独创性和个性要求的标志，甚至是宣泄情感的载体。美国当代著名波普艺术家杰夫·昆斯（Jeff Koons）以准确精致的日用品的复制品、可爱的卡通形象以及充满想象力的大众图像组合，不断给世人带来新的视觉冲击（图4-64）。杰夫·昆斯创作的"兔子"吊坠，就是采用高抛光高反光的不锈钢材质制作而成，将日常生活物品转化成首饰艺术品（图4-65）。

图4-64　杰夫·昆斯雕塑作品

图4-65　杰夫·昆斯"兔子"吊坠

　　荷兰首饰设计师和概念艺术家泰德·诺顿（Ted Noten）以幽默、诙谐的方式体现后现代的特质。如图4-66、图4-67所示的"Message in a Handbag"，是他以透明亚克力和物品结合而创作的首饰，尤其是以包含手枪和一只戴珍珠项链的老鼠的亚克力作品而闻名。泰德·诺顿通过珠宝设计，将物质及其背后的象征符号串联，探究人们对物质的欲望以及符号的象征意义，通过物质符号传达信息，探索人的情感、欲望、身份象征、物质观念及精神世界之间的联系。

图4-66　"K女士"包

图4-67　"旋涡公主"吊坠

　　后现代主义设计对古典文化和传统文脉的传承具有积极的意义，在首饰设计中，通过对传统文化的表现，对于消解现代主义、抛弃单一化设计起到了积极作用。如图4-68所示为设计师以模特劳拉·摩根（Laura Morgan）的身型建模，制造了一件从高领处一路延伸至臀线的铝制线圈马甲。

图4-68 民族风格马甲

2006年建筑师法兰克·盖瑞（Frank O.Gehry）与蒂芙尼（Tiffany）跨界合作，经过3年推出了鱼形、兰花形、管形、轴形、扭转和折叠等6个系列150件珠宝作品。法兰克·盖瑞为珠宝设计带来黑金、柏南波哥木等与众不同的材料，配以纯银、钻石与宝石进行设计。兰花形系列将线面结合起来进行设计，扭曲翻转的形态蕴含原始美感。鱼形系列设计以迷人的姿态及魅力演绎出澎湃的生命力，仿佛鱼时刻都在游动，在突显优雅姿态的同时，更与身体融为一体（图4-69、图4-70）。

图4-69 兰花形耳饰

图4-70 鱼形吊坠

本章小结

· 中国传统首饰图案包括动物图案、植物图案、传统文字符号图案等，成为珠宝首饰图案设计的灵感来源。

· 新艺术风格时期的首饰中，自然界中的主题和图案得到了大量的运用，花草、飞鸟、昆虫等各式各样的自然造物均有所涉及。

· 装饰艺术时期的珠宝受到不同文化影响而呈现出浓烈的异域风情色彩，其中之一就是这一时期的设计作品吸取东方工艺品上的纹饰元素。

·巴洛克风格的珠宝，用张扬的曲线来表达强烈的动感，色彩感比较强。

·后现代主义图案主张以更多形式的美感，来满足人们精神上的审美与情感需求。

思考题

1. 珠宝首饰图案设计从中国传统图案中吸取灵感，有哪些类型？

2. 后现代主义珠宝的特征有哪些？

珠宝首饰图案设计的主题

第五章

课题名称：珠宝首饰图案设计的主题

课题内容：1. 动物主题珠宝首饰图案设计

2. 植物花卉主题珠宝首饰图案设计

3. 抽象几何主题珠宝首饰图案设计

上课时数：10课时

教学目的：能够掌握各种不同题材的图案在首饰图案设计中的体现、设计主题的表达及创作要点。

教学方式：多媒体讲解，实训练习。

教学要求：1. 掌握不同题材珠宝首饰图案设计的要点。

2. 针对不同题材的款式进行拓展设计。

课前准备：学习珠宝首饰图案绘制方法，阅读相关书籍，查阅相关动物、植物及抽象型图案的用法和变化。

第一节　动物主题珠宝首饰图案设计

珠宝艺术创作来源于生活，同时也要反映生活，设计时必须从取之不尽、用之不竭的生活中获得灵感。只有在头脑中获得丰富的素材，并掌握一定的图案表现技法，才能从容地把自己的构思表现出来，从而形成设计。在珠宝图案创作中，动物图案是丰富且富有吸引力的，古今中外的设计师们采用虎、豹、蛇等猛兽的动物形态，寻找创作灵感，将它们以图案的形式多角度地表现出来。除此之外，具有民族特色的羽毛或骨质首饰、色彩绚丽的皮绳、可缠绕的鱼皮绳索等，都是动物题材在珠宝图案设计中的应用。它们使图案更丰富、生动，给人强烈的视觉感受。

一、动物图案骨架设计

1. 独立性动物图案骨架设计

独立性动物的骨架设计是具有独立性质的单独纹样，往往在吊坠、胸针的设计中使用较多，万般变化皆由单独的动物造型设计展开。单独的图案不受外轮廓和任何形状的局限，可以根据造型构图自由安排，尤其是对尺寸要求不高的胸针，是非常合适的选择。单独图案的骨架形式一般有均衡式和对称式两种。

均衡的图案设计只要在分量上达到稳定、平衡，就可以自由编排，视觉效果变化丰富能给人生动、优美的感觉。如图5-1所示的金鱼胸针，是典型的均衡手法设计的图案。金鱼形态完美，尾部设计呈"S"型，给人同量不同型的感觉，镶石的设计用颜色做出层次感，充满趣味又动态十足。

对称的图案设计给人端庄平静的感觉，无论是吊坠还是胸针，都能够让图案显得饱满而不拥挤，既不失对称形式的稳定感，又显得灵活、自由。如图5-2所示的蝴蝶胸针，其飞舞的翅膀、夸张的头部以及用金属边体现纹样的变化，令整

图5-1　均衡图案设计（作者：王学艳）

个作品主次分明，形象舒展，镶嵌彩色宝石使作品色彩生动，富有视觉张力，仿佛看到一只蝴蝶翩翩飞舞。

2. 连续性动物图案骨架设计

连续性动物图案是将一个或几个纹样组成的单位图案，按照一定的秩序反复排列，使之连成一线或一片。在珠宝首饰图案设计中，手链、手环、项链的设计常常用到这种图案设计的方式。

在珠宝首饰图案设计中，连续性动物图案设计在题材的体现上，只需要运用动物的某一个特征或状态，其特点主要是单位图案形象美观，造型完美，具有特定的表现力；单位图案向左右两个方向反复连接，有一定的节奏感；以折线为主的单位图案按照一定的空间位置排列构成，折线的运动感强烈，给人刚硬有力的感觉，配上曲线纹样，就会展现柔中带刚的效果。

图5-2　对称图案设计（作者：陈艳华）

图5-3　连续性动物图案设计（作者：陈艳华）

如图5-3所示，项链前胸部位主设计的设计元素源于雀鸟的羽毛。画面中的羽毛采用漩涡散点的方式，相互连环衔接构成，每一片羽毛之间衔接自然，运动感强，给人以优美、柔和、流畅的感觉。

二、动物图案的造型方法

人类使用动物图案做装饰的历史悠久。早在封建社会，动物形象就已被广泛应用于装饰图案当中，无论是美丽的毛皮纹样，还是生动的动态造型，都是绝好的图案设计素材。从日常所接触的家禽牲畜，到深山里的飞鸟鱼虫、豺狼虎豹，都常被用于首饰图案中，其中龙、凤、鸟、鱼、蝙蝠等更是深受贵族们的喜爱。在珠宝首饰图案设计中，动物的变形主要依靠艺术实践，基本原则是由繁到简、由具体到抽象，不仅忠实地再现动物自然存在的状态，还强调作者的审美情趣和对动物本体的总结提炼。

1. 加法性质的动物造型方法

加法性质的动物造型方法，以夸张、添加、组合等方法为主，根据构思和构图的需要添加装饰，使形象更美、更充实、更具有装饰性。例如，当我们需要强调所设计的动物对象的主要特征时，会运用夸张的艺术手法来表现；当我们需要将动物造型与装饰物结合时，就需要自然、直观、有意强调并改变关注点的巧妙组合。动物图案本身比较复杂，其自身的组合关系是一种说明式的表达，往往能够赋予其更加充实的含义，并能从不同角度积极地表现出来，给佩戴者一种强有力的吸引力，达到自然、和谐、新颖和别致的效果。

图5-4　加法设计中夸张的造型方法（作者：陈静瑜）

图5-5　加法设计中组合的造型方法

如图5-4所示为狐狸造型的耳饰。耳饰本身属于体量较小的饰品，其造型容易被人忽略。作者运用夸张的设计手法突出狐狸的尾巴，生动、形象地将狐狸尾巴放在设计的正中，并使用渐变色的镶石方案拉出层次感，让观者可以一目了然地看到尾巴的造型，既不会让人感觉单薄，又能使图案形象更充实，更具美感。

如图5-5所示作品名为"双喜临门"，由18K金、珊瑚、翡翠、珍珠组合设计而成，呈现了笼中鸟的精美形象。设计主体为鸟，结合鸟笼的设计，营造一种场景化的效果，也能贴合设计主题。颜色上运用不同宝石进行主色、点缀色与过渡色的搭配，色泽明艳，生动有趣。

2. 减法性质的动物造型方法

在珠宝首饰图案设计中，减法性质的动物造型方法主要有提炼、几何化、共用等多种造型方法。这些造型方法，都需要经过创作者的巧妙构思，将某一局部形象或整体复杂形象化为单间的艺术表达。所以在减法动物造型设计中，有许多

珠宝首饰图案设计

共用的轮廓线或造型，最典型的共用造型线就是大家熟悉的"太极图"，又称"双鱼追逐"。虽然这些造型均以简单的形式出现，但的确产生了丰富的内涵。

如图5-6所示的水母作品，充分体现了对动物去粗取精、删繁就简的减法设计，突出设计了水母的轮廓以及它柔软的触角，让人一目了然地看出水母的形态。而水母在水中运动状态下的不同角度产生的光影效果，作者运用散点的设计方法，让整体设计并不完全失去抽象几何的组合，具有丰富的表现力。

图5-6　轮廓设计法（作者：王芷娴）

三、动物主题图案设计的注意事项

首先，变形是动物图案设计的造型手段之一，侧重于表现动物的特征和典型部位，而不拘泥于形象的逼真或比例关系的绝对正确。在以动物为主题的服饰图案设计中，要善于抓住动物的外形和姿态，删繁从简，突出每个动物的特征，从细节入手。

其次，有的动物需要突出主要特征的，可以适度夸张。动物图案形象的变形和夸张，要在符合审美情趣的前提下进行，使其合情合理，不能毫无根据地夸张。

最后，动物有许多种不同的状态，有动态的也有静态的。动态图案的设计，需要注意构成形式法则，均衡的设计尤其重要，能够让首饰达到平衡；静态的图案可以利用对称、平衡的设计方式，但切忌过于规整，使其变得枯燥无趣。

第二节　植物花卉主题珠宝首饰图案设计

一、植物图案的素材收集

植物图案在珠宝首饰设计中的表现形式丰富多样，既可以单独表现，又可以与动物甚至人物结合表现，具有极强的装饰性。由于文化背景不同，不同地域设计的图案中，植物纹样的风格特征也有所差异。豆荚和花生作为仰韶文化的装饰图案代表，体现了中国传统文化的生生不息，因此也深受珠宝首饰设计师的喜爱。无论是翡翠设计还是贵金属镶嵌设计，都能生动形象地表现出其饱满的状态（图5-7）。此外，竹子、兰草、菩提叶等象征着生长、生命的植物图案，也常常出现在珠宝首饰的设计中（图5-8）。虽然植物的形态不如花卉那样色彩绚丽、结构多变，但人们因为其本身的寓意内涵，对这些植物情有独钟。

图5-7　植物果实类图案（作者：赖国栋）

图5-8　竹子设计（作者：冯熠珅）

二、花卉图案的设计溯源

花卉图案在珠宝首饰设计中多以直接的装饰形象进行有针对性的装饰设计。它被大量运用于各种品类的首饰中，如吊坠、戒指、胸针、手链、头饰等，是人们最熟悉也最受人喜爱的装饰纹样之一。在我国，以花卉作为装饰始于唐代，盛于宋代，广泛出现在瓷器、织物和多种工艺品上。以牡丹为题材的图案可以说是最常见、最富于变化的纹样。自唐朝以来，牡丹就被视为富贵、繁荣、美好、幸福的象征，牡丹花型的簪、钗以及花钿都是那个时代女子常常用到的饰品。而到了宋代，花卉图案被尽情发挥，构图多样，异彩纷呈。头戴花冠的女子成为北宋时期女子的典型形象，女子头面等装饰物中都大量使用花卉图案（图5-9）。

17~18世纪的欧洲艺术也受到当时东方文化的影响，引发了人们追求花卉的热情，珠宝首饰、瓶罐器皿等呈现了大量优秀的花卉图案。英国皇家珠宝设计师采用各种花卉的图案设计珠宝首饰，创造了许多花卉装饰图案的精品，还有一些传统而知名的珠宝品牌，也纷纷设计出四季花卉图案，满足人们追求花卉的热情（图5-10、图5-11）。

图5-9　宋代女子花冠

图5-10　植物花卉图案金属腰带

图5-11　卡地亚花卉戒指

三、植物花卉在珠宝首饰图案设计中的设计要点

1. 形态的元素提取

植物花卉形态在图案设计中，有三种提取方法：直接提取法、概括提炼法、解构重组法。直接提取法是根据植物或花卉形态的特征，提取其中一部分作为图案直接利用，其特点是具有能清晰辨识图案的形态，图案的色彩也与植物花卉一样，更直接地

表达图案的象征寓意，这类设计手法相对比较简单。例如，竹子的竹节枝干，或桃花的形态都是很有特点的（图5-12）。

概括提炼法是概括最基本最显著的特征作为图案，其特点是形态风格化，与原本的植物花卉产生视觉变化，设计的痕迹较为明显，往往也更具有表达的深度（图5-13）。

解构重组法是指对植物花卉进行解构，可以一个个地解构或者以块面状进行拆解，再重新拼贴组合形成新的图案，其特点是图案与原实物的相似度很小，图案创新度很高，设计痕迹更重，更具有现代感。

图5-12　直接形态花卉设计（作者：吴枫晴）

图5-13　概括风格花卉设计

2. 从绘画构图中借鉴植物花卉图案的构图法则

在珠宝首饰图案设计中，由于对设计的尺寸有严格的要求，所以在构图时要将设计元素排队、规整，使这些元素有秩序感，有"气"的流通，有语言的交流。

首先就是布局饱满。在设计的时候，我们要着重关注设计元素之间的疏密聚散。创作的第一步就是要确定设计主体的位置，而元素之间的组合必须实现力的平衡。清代画家邹一桂的《小山画谱》里，提出了一个国画的构图原理，即把画面的布置安排成为三角形的勾股以达到视觉上的平衡，这就是在寻求画面的均衡感。在一个固定的方格中，看似不平衡的三角形三个点，为画面创造了另外一个更有利的动态，无论是吊坠、胸针、戒指都能很好地诠释设计重点。

如图5-14所示的胸针设计，很好地运用了三角形的构图原理，重点突出，骨架清晰，结构稳定。主设计的大花朵为三角图形中的顶点，配以两朵大小相似的小花朵，花卉方向的走势既具有视觉张力，又不失平衡感。

其次是开合争让。"开"是花或叶的朝向四面打开；"合"是通过材料、镶嵌形成合力；"争"是要求花或叶在整体构图中形成对立关系；"让"是需要在这种对立关系中寻求统一。总而言之，力的方向决定了花朵的朝向，使整幅图有张有合。

如图5-15所示为一个典型的以开合争让的设计原则来进行设计的首饰盒。绽开的花朵朝向四面，花苞的大小与花朵形成鲜明的对比，整体图案主次分明，下面的两片叶子方向与花朵的方向相反，形成对立的张力，使画面饱满平衡。

3. 色彩设计要点

植物花卉图案题材的色彩设计，是对大自然奇幻绚丽色彩的表现，有着无可比拟的优越条件。大自然的色彩是无法用数量来计算的，具体色彩的色相名称也无法确定，这就需要设计师在尊重客观物态的前提下进行归纳总结。在珠宝首饰图案设计中，花朵的颜色基本属于紫色和红色系，植物基本属于黄色和绿色系，这样，在设计的时候，通过中间色的衬托有效地缓解对比色的互斥性，从而实现整体色彩搭配的和谐（图5-16）。

4. 植物花卉图案设计的注意事项

首先，在设计图案时，若是单一植物的图案设计，则需要分析植物的走势、方向以及叶片的翻转角度。若是花卉的图案设计，则需要注意有主次、有层次、有疏密、有虚实，这样才能显得生动活泼、绚丽多彩。

其次，当设计对象单体较小时，则适合多个单体成群出现，可以形成团状，也可作为辅助图案与其他主设计结合使用。

再次，大部分的植物和花卉设计都是以实色设计为主，应当注意搭配材料的色彩选择、色调的统一、花朵的大小穿插以及形成的主次关系。

图5-14　三角形构图花卉设计

图5-15　均衡统一花卉设计

图5-16　色彩方案表达

最后，当花朵与叶子组合设计的时候，需要注意彼此之间的结构，结构的正确与否直接影响到所塑造形象的美感。

第三节　抽象几何主题珠宝首饰图案设计

几何抽象图案是以几何形，如方形、圆形、三角形、菱形等为基本形式，通过理想式的主观思维，对自然形态加以创造性的发挥而产生的一种新式图案，它不完全受自然形态的束缚。我们在做设计的时候，虽然有仿生的方式，但从总体上看来，主要是几何形体的图案构成形式，无论珠宝、器皿还是建筑，几何图案都是最容易让人感知的图案构成形式，因此在珠宝首饰图案设计中运用广泛。

一、几何图案的视觉表现形式

人类在新石器时代就开始用几何图案来记载看到的事物。几何图案的演变来自人类对自然的感悟，也是人们实践活动的结果。从早期使用简单的线条描绘或规则或随意的几何图案，到后来使用距离、视角等透视原理来表现空间感，通过对艺术主体色彩的变化来体现远近关系，从而营造三维的空间效果，表达空间感。珠宝首饰图案的几何图案，通过几何图案的透视分割作为纯粹的空间展现形式，为我们的设计增加了趣味性和审美性。

1. 折叠手法的使用

几何图案在组织结构上具有一定的规律性。将折叠成形的物件展开后得到的折痕，完成了平面图案向三维图案的转化。对于图案来说，其作为设计的先导，折叠是在图案的基础上操作，并且在折叠之后成形的三维形体依然保持了图案的表面化特征。在折叠过程中，生产逻辑具备可逆性，折叠与展开是两个相反的动作，即折叠和展开之后的图案，都依然保持连续表面的特性。

如图5-17所示的头冠，是折叠手法在珠宝首饰图案中运用的典型。在图案设计中，通过反复折叠形成有立体感的几何纹样中，我们可以看到对称、垂直、

图5-17　折纸手法首饰图案设计
（作者：梁铭婷）

平行等规律的线条。金属肌理的前后关系就是每一次折叠的痕迹，最终形成有节奏的几何图案效果。

2. 以图案本身为母体的延伸

在珠宝首饰图案设计中，我们常常会将几何形状按照既定的图案，或是事先构想好的、具有特殊意义的符号，安排和规划我们的平面构图形式。无论原始的图案形式是哪种风格，我们都可能以原始图案为单元，通过挤压、扭曲、重复等方式，将之抽象成十字轴线对称图、方圆镶嵌图，形成有层次感的三维空间图。

如图5-18所示为几何形项链运用重复挤压的手法，将每一块不规则长方形作为单元图案反复排列。由于材料本身具有金属面感，厚重的排列增加了它的空间性，使原本单薄的小长方形形态被延伸和扩大，中心形象突出，造成与众不同的视觉冲击力。

图5-18　重复几何形图案首饰设计

二、抽象几何形珠宝首饰图案设计的注意事项

首先，在设计中需要注意点、线、面的形态及大小变化。在造型上有大与小的对比、方与圆的对比、高与低的对比、材料肌理与光泽的对比；在构图上有主次与聚散关系，还要注意在不同首饰品类设计时方向位置的对比。

其次，几何形图案的设计要注意材料的搭配。例如金属与金属搭配、金属镶嵌配石搭配、以配石为主的设计搭配等，注意在明暗和疏密程度的设计上有所区别。

本章小结

· 珠宝首饰图案设计的主题品类很多，主要包括动物主题珠宝首饰图案设计、植物花卉主题珠宝首饰图案设计、抽象几何主题珠宝首饰图案设计。

· 动物造型主题设计要从动物的主要特征出发，从细节入手，避免过于规整和无趣。

· 植物花卉珠宝设计需要注意材料和色彩的搭配，以及花叶之间的结构设计。

· 几何形主题珠宝设计需要在构图上有主次和聚散的关系，且不同首饰品类在设计时要注意时方向和位置的对比。

珠宝首饰图案设计

思考题

1. 设计动物造型的珠宝图案时有哪些设计手法？最常用的手法是什么？

2. 植物花卉珠宝设计的特点是什么？不同品类的设计有什么异同点？

第六章

珠宝首饰图案设计的表现方法

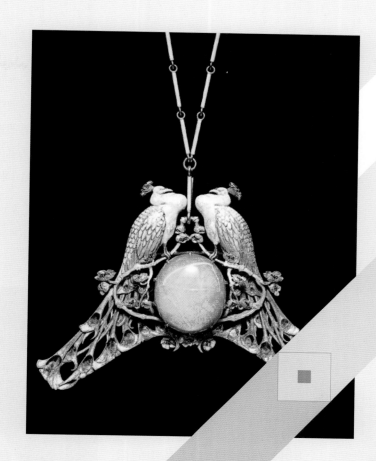

课题名称： 珠宝首饰图案设计的表现方法

课题内容： 1. 珠宝首饰图案设计的表现及应用

　　　　　　2. 珠宝首饰图案的工艺表现技法

上课时数： 8课时

教学目的： 能够掌握点、线、面的图案设计要点，并结合材料本身运用工艺技巧来表现图案。

教学方式： 多媒体讲解，实训练习。

教学要求： 1. 掌握不同题材珠宝首饰图案设计的要点。

　　　　　　2. 针对不同材料进行款式设计。

课前准备： 学习珠宝首饰图案绘制方法，阅读相关书籍，查阅相材料工艺技法的用法和变化。

第一节　珠宝首饰图案设计的表现及应用

在珠宝首饰图案设计的构图中，点、线、面构成了图案造型的所有关系，是图案设计的重要表现方式，也是极富表现性的视觉元素，在塑造珠宝首饰风格、表达设计情感、丰富珠宝首饰造型设计细节、装饰首饰造型等方面发挥着重要的作用。但由于它们的抽象性和不确定性，造成学生的理解难度增大，因此我们要从点、线、面的运动轨迹和构成特性上，正确理解三种元素的应用。

一、点元素的表现及应用

在珠宝首饰图案造型中，点具有多种功用和形态表现。有的点承载着某种使用功能，如一颗镶嵌的宝石、一个金属钉、一块釉料等；有的点起美化装饰作用，如呈线性排列，用于刻画珠宝细节，强调造型边缘的碎石镶嵌；有的点用来增强珠宝本身的识别性，如用单独的材质刻上品牌的标识、品名、特殊Logo图案等。点虽然小，但设计意义很大，变换点的形态、数量或排列方式可以达到不同的设计目的（图6-1、图6-2）。

1. 视觉中心点的应用

处于珠宝首饰造型中心位置的点，由于位置显著，往往首先吸引视觉关注，如戒指主石、大颗粒吊坠主石等，是珠宝首饰图案设计中最常见的表现形式之一（图6-3）。点的形状，来源于宝石本身打磨的形态，有正圆形、椭圆形、马眼形、水滴形、祖母绿形等，无论哪一种形状，均能成为视觉中心点。在设计的时候，可以依据主石的大小、色彩与光泽，增加点与金

图6-1　主石为点的设计

图6-2　碎石排列的点

属托的对比性，突出珠宝本身的美丽，起到画龙点睛的作用。

2. 点对珠宝图案形式的多样化应用

当多个功能点，即不同形状、大小的配石分布在首饰上时，需要按照对称、均衡、对比等形式美法则进行首饰布局设计（图6-4），使点既有整体上的呼应、协调平衡，又能体现对比，可极大地增加首饰产品本身造型的生动性。

3. 点对局部形态的强调作用

在珠宝首饰的图案设计中，当多个点有规律地组合和移动时，可以产生虚线或虚面

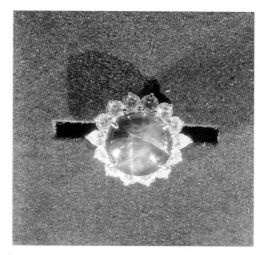

图6-3　星光蓝宝石戒指设计

的视觉效果，可以出现在主石的旁边或成为背景，与主石形成对比；当虚线式的多点呈直线状或水平状排列时，可以增强首饰的线条感，有延伸的视觉效果（图6-5）；当以直径不大的碎石做点，出现在首饰产品的边缘时，可以强调首饰的局部轮廓。在珠宝首饰图案设计时，以小点构成的虚线比实线更具有表现力。

图6-4　按形式美法则布局的点

图6-5　虚线式的多点排列

二、线元素的表现及应用

珠宝首饰图案的线有很多种表现形式，如轮廓线、分割线、面与面的交线、装饰

线等。各种线在产品风格及装饰造型方面都发挥着重要的作用。

1. 珠宝首饰图案设计中的轮廓线

首饰轮廓线决定了该作品造型的外形特征，也影响着首饰图案的基本风格。有什么样的轮廓线，就有什么样的产品基本形态，改变轮廓线，就改变了珠宝产品整体造型基本面貌。在珠宝首饰图案设计时，轮廓线可以用金属缠绕，也可以用镶石代替，形成清晰的图形（图6-6）；在风格上可以是直线，凸显硬朗的感觉，也可以是圆润的曲线，形成柔美的视觉效果。如图6-7所示，对荷叶造型进行抽象设计，金属作轮廓线产生立体的效果，整个产品设计均用曲线，形成一个完整圆滑的整体，给人"珠圆玉润"的中式美感，具有女性特征，复古又典雅。

图6-6 轮廓线形成图形　　　　　　　　图6-7 突出轮廓线线条设计

2. 珠宝首饰图案设计中的分割线

分割线在首饰图案中可以通过各种形式和状态出现。结构分割线、面与面的交界线、装饰线等都具有造型的分割作用，既可以直线水平分割或垂直分割，也可以曲线分割。不同的线形具有不同的心理感受和情感特征，尤其首饰品还存在不同的色彩、光感和肌理，对整体图案设计有很大的影响。

结构分割线是首饰图案上重要的分割线，其位置和走向影响产品表面各部分之间的比例关系，对成品的美观性有着重要的影响（图6-8）。因此，结构线的设计要考虑色彩的比例、工艺的可行性以及装饰性的需要。常用的分割线都是由金属来完成，这类分割线本身就带有颜色和光泽，分割造型面过大的区域，可以降低成本，丰富产品细节，消除呆板的感觉。一些几何形设计的吊坠，通常用水平分割线设计出黄金比例，增加了视觉的稳定性。

3. 珠宝首饰图案设计中的装饰线

装饰线有明线和暗线两种。

明线通常采用与所在面不同的材料进行设计，既可以覆盖造型上因工艺未达到精度所产生的结构缺陷，又可以遮挡一些天然形成的瑕疵，美化产品的整体效果。例如，在珠宝首饰图案设计中，明线既可以通过珐琅工艺形成色彩交线，也可以通过花丝工艺分区域表现（图6-9）。

暗线一般通过在造型主体上做凹痕，利用凹凸起伏形成的光影产生线的感觉，中国传统玉雕中的阴线就是运用了这种手法（图6-10）。这种线条富有立体感，能增加几何造型面的设计细节和层次感。

图6-8　用分割线影响各部分比例关系

图6-9　花丝珐琅

图6-10　玉雕阴线（浙江余杭出土）

三、面元素的表现及应用

珠宝首饰本身尺寸不大，面的穿插可以将它围成体，更有立体感，造型上可以分为平面和曲面，不同的面视觉感受和审美特性存在很大的差异。因此，面的设计会影响首饰的风格特征。

1. 平面的应用

平面在一些特殊材料的创意首饰中比较常见。平面具有平整、理性和简洁等特征，

图6-11　平面之间大小对比的设计

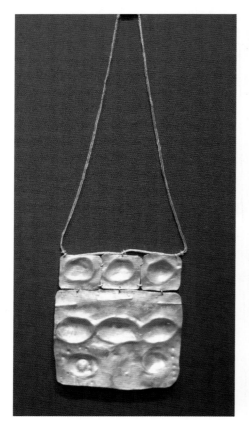

图6-12　起伏曲面长项链设计

由平面组成的首饰造型简洁、整齐。平面首饰经由具有组织和分割作用的点、线以及图案装饰，使面变得更加生动活泼（图6-11）。

2. 曲面的应用

曲面具有起伏、柔和、动感的特征，给人以圆润、柔美之感，在许多女性首饰中应用较为广泛（图6-12）。曲面造型的圆润形态能体现动感，在感情上能够增强造型的亲切感，在工艺上实现的难度也不大，因此，吊坠、戒指、手镯、耳饰等首饰品类都喜欢运用曲面造型（图6-13），尤其在一些定制类的婚庆首饰中，曲面的造型受到众多消费者的青睐。

3. 面的造型转折

首饰图案往往不是独立的，而是由不同单元组合而成。因此，当多个面组合设计的时候，从一个面到另一个面通常需要过渡，如果直接转折过渡，会使造型生硬、冷漠，缺乏亲近感。如果用曲面过渡，例如用弧形的金属宽边带或拱起的弧面型宝石，造型则显得柔和亲切（图6-14）。其中，弧面的过渡较小时，给人舒服自然的感觉，常在戒指戒托设计中被采用；当弧面过渡较大的时候，轮廓会变得模糊，整体的图案构成趋于平缓，在不受尺寸限制的胸针设计中较常使用。

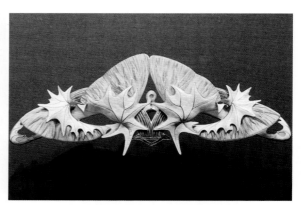

图6-13　曲面头饰设计

四、点、线、面的结合应用

在首饰图案设计中，点、线、面三种元素相互结合、互相转换、互相影响、互相依赖，构成了丰富多彩的设计形式。可以说，图案画面的构成，实质上是点、线、面三者的结合处理，无论是戒指、吊坠还是手链项链，都可以抽象、概括地归纳成三者彼此间的构成关系。在设计中，既要保持点、线、面的独立性，又要体现三者之间互衬、对比、协调的空间关系，从而达到丰富装饰图案的视觉效果。一件珠宝，可以通过视觉传达打动人们的情感、感染人们的思想，给人以美的享受，同时又能传达准确的主题信息，所以点、线、面三者的关系尤为重要。

图6-14　金属曲面造型（作者：雷培艺）

如图6-15、图6-16所示的系列设计是典型的点、线、面相结合的首饰设计。作者运用蜂巢结构作为产品的基本轮廓，有视觉上突出的大点，有不同材质对比的面，有金属轮廓形成的线，三者设计互相作用，构成丰富的视觉效果。

图6-15　项链（作者：乔东晴）

图6-16　臂镯（作者：乔东晴）

如图6-17所示的藏于深圳珠宝博物馆的多宝石片状钻石胸针，用丰富多彩的设计形式，展现了点、线、面在珠宝设计中的运用。用钻石包花瓣边，清晰地勾勒出花瓣边框的轮廓，整体花瓣呈现出面与面的对比，点缀的红宝石小花以点的形式呈现。此作品抽象了点、线、面的关系，向人们传达了美好的情感主题。

图6-17　多宝石片状钻石胸针

第二节　珠宝首饰图案的工艺表现技法

用于珠宝首饰设计的图案样式，从某种角度来讲是没有特定范围的，绝大部分的图案、纹样类型都可以用于设计中。其中，关键问题在于图案所依附的材料以及制作图案所使用的工艺方法。现代首饰设计材料几乎没有限制，就现代人的接受度来讲，基本上凡是能看见的材料，大部分可用于珠宝首饰设计，光影手段甚至也可以成为首饰艺术家进行创作的载体。

材料本身的特点以及制作图案所使用的工艺方法，对图案最后效果有着极大的影响。所以，要了解图案在首饰设计中的应用，首先应该了解首饰本身所使用的材料及其特点，然后选择相应的制作工艺来达到设计目的。

任何制作工艺都不可能离开材料而单独存在，同样，在首饰图案的呈现过程中，材料本身的特性尤为关键。根据目前常用的材料来看，制作工艺大概有：拼贴、绘制、印刷、编织、花丝、锻造、錾刻、镂空、纹样材料、嵌错等。

一、拼贴

拼贴是日常生活中最为常见的装饰技法之一。广义的拼贴是指将不同颜色、形态、质地、大小等元素，根据一定的审美意象组合在一起，达到具有装饰性的视觉物像。实际生活中，绝大部分装饰都是运用拼贴的基本规则。在首饰设计，尤其是镶嵌类首饰，其本身就是通过拼贴形成不同图案的结果。

拼贴的具体工艺并不复杂。首先，将选定的材料进行剪裁，制成相应的形状，然后将这些零部件按照一定的设计要求拼接搭配即可。拼接搭配时，可根据设计需要和具体材料特点选择相应的固定方法。如果拼贴材料本身是软的，而最后成品需要硬化，则可能需要先做一个固定的底托，比如纺织品、纸、金属箔片等；如果拼贴材料本身就是硬的，则不一定需要底托，比如木板、金属板、亚克力等。

不同的材料、效果、设计需求，可选择的固定方法也不尽相同，一般可以选择使用粘接、铆接、焊接等。

大部分材料都可以使用黏接的方法，但是不同材料的黏接性能各不相同，所以在选择黏附材料的时候需要有所区别。比如纸类材料可以用白乳胶；纺织类材料可以用糨糊；金属箔片可以用专用胶水或者大漆等；亚克力材料则有专用的亚克力胶水。现在市面上很多材料都有专用黏合剂可供选择（图6-18）。

铆接是一种较为常见的连接方式。它有一定的牢固性，同时也是可逆的，并且有一定的弹性，在一定程度下可以容纳有限的变形，比如大型钢结构桥梁，使用铆接的方式组合可以防止变形断裂。

铆接工艺操作也相对简单，即用"铆钉"实现连接。将需要连接的部件部分重叠，然后打孔，再用另一种较软的材料（铆钉）穿过孔洞之后，通过将孔洞两端的软材料挤压、敲打使其延展变大，实现连接（图6-19）。并且，铆钉在很多时候还能成为点、线、面设计中的点，是设计师们常常使用的设计手段。

铆接可以实现连接，铆钉也可以成为肌理。常规铆钉造型简单，除了实心造型，也可以用空心管。如果自作铆钉，则可以通过挤压、錾刻等手法使其顶端具有特殊造型，增加美感（图6-20）。

焊接一段是指金属焊接，即通过熔焊

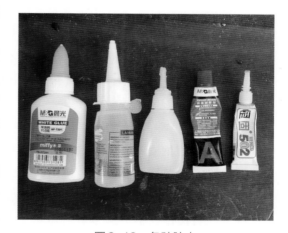

图6-18　各种胶水

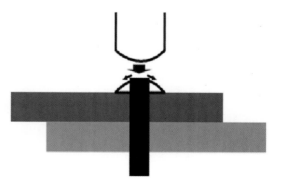

图6-19　铆接示意图

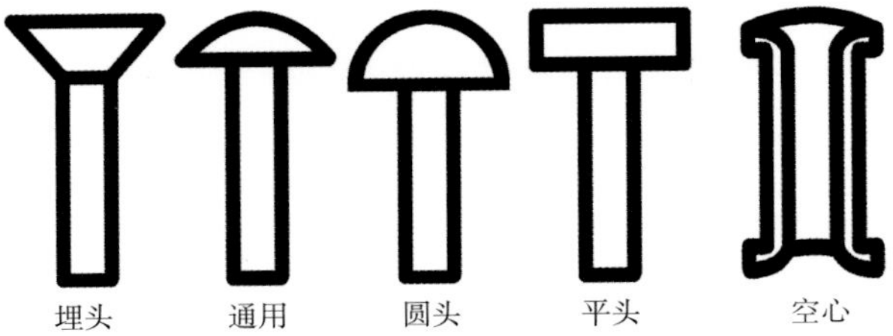

图6-20　常规铆钉造型

埋头　　通用　　圆头　　平头　　空心

或者钎焊实现连接。熔焊是指加热连接材料本身的连接处，使之熔化混合再冷却实现连接；钎焊是指在接缝处添加焊药加热，使焊药融化冷却凝固实现连接，优点在于连接件本身不会熔化减损。焊接有一定的技术难度，需要多加练习才能掌握。

二、绘制

绘画类图案设计主要在于图案色彩的装饰性与美观性，在工艺方法上就是手绘，基本上与常规绘画没有什么区别。绝大部分绘画类颜料，在一定程度上都可以直接用于首饰设计之中，但是不同质地的颜料在不同材质上的附着性有很大差别，所以需要注意绘画材料的选择。设计师需要根据设计需求和基底材料来选择绘画颜料，以达到最好的固着效果。

除了一般的绘画颜料之外，大漆是首饰设计中较为常用的颜料之一（图6-21）。大漆是一种传统植物漆料，它的固化过程需要一定的湿度和温度，固化以后具有很好的光泽、硬度及耐腐蚀性。大漆的使用在我国已有数千年的历史，如今也是一门独立的艺术形式，其工艺程序非常成熟，相关技法需要通过进行专业的学习与训练才能掌握。

另外，首饰设计中可能还会用到一些较为特殊的颜料，主要用于金属材质，比如珐琅釉、陶瓷釉、化学着色等（图6-22）。

图6-21　大漆

图6-22　珐琅釉料

珐琅釉，主要是覆盖在金属表面的一种釉料材质。常用的珐琅釉料是一种粉末状颜料，主要是石英、长石等作为基础，再加上金属氧化物作为着色剂的混合材料。将其敷设在金属表面以后再经过高温烧制，釉料熔化再冷却之后，会在金属表面形成一层具有玻璃光泽的彩色釉层。

传统珐琅的绘制，需要将釉料研磨至300目以上，然后用水或者油调制成颜料再进行绘制，其绘制过程与水彩画类似，即由浅到深分层绘制，画完一层烧一层，直到最后完成。如果全部绘制完毕再去烧制，很有可能造成全部色彩混合而不成形。珐琅釉料的烧制温度一般不超过800℃，一般在760℃左右，烧制时间根据器物体型大小实际观察，小件一般在1~2分钟，时间并不固定。严格来讲，不同颜色的釉料最佳的烧制温度也略有差别，过烧或者欠烧都会影响釉料最后的色彩效果，但是合理的过烧和欠烧，也会出现特殊的肌理效果，这个需要操作者自己把握。

另外，珐琅釉料作为一种颜料，其使用方法并不仅限于精致的笔绘，作者可以根据自己的需要随意发挥，绘制出不同肌理感的图形，比如堆积、压印、撒粉、镂空撒粉等（图6-23、图6-24）。

化学着色，实际上是通过可控的化学反应，使金属表面快速氧化形成相应的色彩薄膜。通过控制氧化的区域和程度，即可形成相应的图案效果。通过化学着色形成的图案丰富多彩，因此其也是我国传统首饰工艺图案设计的重要手段。化学着色基本上可分为冷着色和热着色，主要区别在于化学反应发生时的温度条件（图6-25）。

图6-23　镂空撒粉

（a）作者：李光全

（b）作者：陈小康

图6-24　珐琅工艺效果

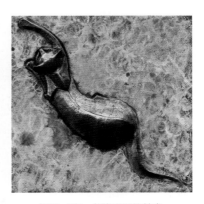

图6-25　锻铜浮雕着色
（作者：盘思婷）

这种着色工艺所使用的材料基本上都有一定的腐蚀性，所以在操作时必须注意人身安全以及环境安全，包括废液处理、废气处理等，最好是有一定的化学知识基础，或者由专业人士操作。

三、印刷

印刷主要是指图案的施涂工艺，不是手绘而是印制。印刷工艺适用的材料较为广泛，大多数材料都可以使用印刷工艺（图6-26）。

印刷的方式也是多种多样，主要还是看印刷材料、承印材料及图案特点。印刷类图案一般较为严谨和规矩，当然也有版画类型的自由创作，主要取决于作者的创作意图。

图6-26　丝网印刷示意图

因为印刷涂料的不同，印刷之后的图案可以直接使用，就像常规的印刷品，也可以再通过其他工艺做进一步完善。比如，用釉料印刷，印完之后需要再入窑烧制；用耐腐蚀材料印刷，印完之后可以进行腐蚀显影等。很大程度上，印刷只是一种手段，并不是最后结果。

四、编织

编织工艺作为一种成型手段，是纤维艺术中的一种手法，将具有一定韧性的长条材料进行有规律地交叉、穿插，形成一定的形态。编织工艺适用的材料有一定的局限性，只适用于有一定韧性的材料（图6-27）。

在首饰设计中，编织工艺可以作为完整的造型手段，也可以通过编织做成"花片"部件，再进行镶嵌、焊接等。

具体编织工艺与所使用的材料有一定的关系。一般植物纤维类材料，在编织之前需要将其喷湿或者适度泡水，使其在编制过程中保持一定的韧性，不至

图6-27　编织工艺

于断裂，编织之后也要对其进行一定程度的保养，防止被染色或者虫蛀等问题；金属类材料则根据需要选择是否要对其进行退火软化。

五、花丝

花丝工艺是一门独立的精细金属工艺，其特点是所有纹样都是由各种形态的细金属丝盘曲、弯折、编织、之后再组合焊接而成，有时再搭配镶嵌工艺进行宝石镶嵌。传统的花丝工艺难度较大。

传统花丝工艺中所用的单股金属丝细如发丝，经过搓拧之后，需要再通过掐、填、攒、焊、堆、垒、织、编等手法进行造型。

六、锻造

锻造工艺主要是通过敲打使材料产生可控性变形，形成图案效果。较为常见的是金属浮雕类作品，机械冲压也可以作为锻造的一种方式。锻造工艺一般只适用于部分金属材料。

手工锻造所使用的材料一般是质地较软并且有一定延展性的金属板材，比较常用的有金、银、铜等，主要工具包括锤子、錾子、沙袋、錾花胶等。基本步骤如图6-28所示。

（1）将金属板退火软化。

（2）拷贝图案到金属板。

（3）錾刻轮廓线。

（4）锻造起伏（根据需要，正反两面都可以锻造）。

（5）修整。

需要注意的是，金属板退火软化，可以根据需要随时进行，并非只是一次；沙袋和錾花胶的作用是一样的，都是用来承接金属板的起伏变化，区别在于沙袋用于整体，錾花胶用于细节。

（a）錾刻

（b）上胶板

（c）修整—完成

图6-28 锻造示意图

手工锻造也是一门独立的金属工艺，要想较好地掌握技法，需要专门学习并大量练习。

七、雕刻

雕刻主要是指使用刃具在材料上进行剔刻，形成线条或块面。雕刻可以分成阴雕和阳雕，区别在于图案本身相对于它所依附的底板是凸起的还是凹陷的。阴雕是直接雕刻图案本身，使之凹陷；阳雕是剔刻图案旁边的底板，使之凸显。雕刻工艺适应性较广，大部分材料都可以进行雕刻，只是不同材料所用的雕刻工具有所区别（图6-29）。

（a）金属雕刻　　　　　　　　　　　　（b）木材雕刻

图6-29　金属和木材雕刻

手工雕刻需要一定的技术，要多加练习才能较好掌握。目前也有各种机械辅助雕刻，需要懂得相关的计算机技术。

八、镂空

平面镂空在视觉上类似于剪纸，同时也有与浮雕相结合的镂空工艺。两者的区别在于普通浮雕有一个统一的底板，镂空雕则没有统一的底板，图案间隙是镂空透光的，所以看起来会比较轻盈，制作工艺基本上是在浮雕的基础上把图案之外部分的底板去掉，让图案悬空形成透光效果。

大部分材料都可以使用镂空工艺，只是需要根据材料的特点选择相应的工具。一般来说，较为轻薄的材料可以使用剪刀、刻刀之类的工具，质地较硬的材料可以使用线锯、錾刀等工具。使用线锯镂空时需要先钻孔，将锯丝一端固定之后，另一端先穿过小孔然后固定，之后再进行镂空锯割（图6-30）。

（a）打孔　　　　　　（b）穿锯丝　　　　　　（c）固定锯丝　　　　　　（d）锯割

图6-30　手工锯割金属镂空

九、纹样材料

纹样材料，是指材料本身带有一定的装饰效果。比如，常见的木材表面会有年轮纹样，或者是陶瓷工艺的绞胎泥料，再或者是金属材料中有木纹金、花纹钢等。很多天然材料都不一定是单一纯净的，其中的杂质如果被合理利用，就可以成为很好的装饰图案，比如我国玉雕行业中的"俏色"就是很好的例证。

金属工艺中的木纹金和目前常见的花纹钢，都是人为制作的花纹材料，不同的工艺方法可以制成不同的纹样形态，常用的方法就是将不同颜色的金属片交替层叠焊接，之后再进行折叠、扭转、打孔、切削等，使内部的色层积累、扭曲，最后再通过有方向的锻压、打磨、切割后，显示出相应的纹样装饰。一般情况下，色层数量越多，纹样就越复杂，有些花纹钢色层数量会有数百层之多，其花纹极为细腻。

另外，我国云南省有一种花纹金属材料叫斑铜。斑铜分为两种，一种是天然斑铜，是自然界中的天然铜矿石，通过反复地锤锻、冶炼之后制成器物，其表面有天然的、亮晶晶的纹样。因为这种天然斑铜资源有限，所以当地匠人师傅通过研究摸索，通过特殊的合金技术，发明了另一种斑铜，即人工斑铜。

十、嵌错

嵌错工艺是精细金工的一种，代表就是我国传统的错金银工艺。嵌错工艺的"错"

其实是一个通假字，本意是锉平，也就是说，嵌错工艺的最后效果表面是平的，只有色彩没有起伏。

现代嵌错工艺不仅指金属嵌错，很多材料都可以实现嵌错效果，其原理也大致类似，基本上就是先在基底材料上錾刻沟槽，然后将切割处理后的图案材料塞进沟槽内固定，再将表面锉平修光。固定方式可以是黏接、焊接或者锻打延展。

错金银是我国古代就有的一种金属装饰工艺。首先，在需要装饰的金属表面剔刻上小下大的燕尾槽，然后将较软的不同色的金属丝或金属片嵌入槽内，用锤子敲打使其底部延展填充燕尾槽，之后再将表面锉平、修光，形成相应的图案（图6-31）。

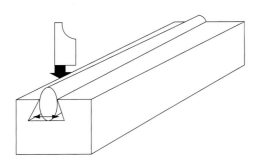

乌铜走银，也是先在乌铜表面錾刻槽线，然后将银放在上面熔化，使其自然填充凹槽，然后锉平、修光。乌铜是一种特殊的铜合金。当然，原理简单不代表操作简单，乌铜走银是我国非物质文化遗产，想要掌握是需要专门学习的。

图6-31　嵌错示意图（作者：盘思婷）

十一、镶嵌

镶嵌，严格来说可以分为镶和嵌，镶嵌工艺可适用的材料也是比较广泛的。

镶，就是在平面底板上焊接一个没盖的盒子，然后把需要镶嵌的材料放进盒子里面，之后再把盒子的壁向中间挤压，将被镶嵌的部件固定。盒子壁的高度需要根据镶嵌的需要来确定（图6-32~图6-34）。

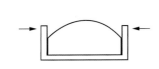
图6-32　弧面石头包镶示意图

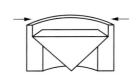
图6-33　刻面石头包镶示意图

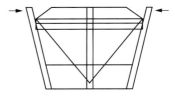
图6-34　刻面宝石爪镶示意图

嵌，则是在有一定厚度的底板上剔刻槽沟，然后将其他部件压进槽沟内固定，与前面的"嵌锉工艺"类似，但是它的表面不一定要锉平，可以是凸起的。比如，小颗粒宝石的"闷镶"工艺（图6-35）。

宝石镶嵌工艺种类较多，一般能形成常规图案视觉的是群镶，也就是很多小颗粒的宝石密集镶嵌，形成图案、色块等。

总体来说，首饰图案设计的表现手段是多种多样的，但是无论怎样都离不开材料

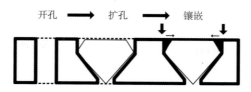

开孔 ➡ 扩孔 ➡ 镶嵌

图6-35　闷镶示意图（作者：盘思婷）

和工艺技法，因为不同材料的特殊性，使得它不能像纸面绘画那样简便易得。同时，制作工艺的特殊性也会产生不同于纸面绘画图案的特点，所以从这个角度来说，首饰设计并不是单一的绘图设计，更是需要设计师具有一定的工艺制作能力，能在充分认识材料的同时，还能掌握材料进一步加工的方法，更好地完成首饰设计。

本章小结

·珠宝首饰图案造型设计，点具有多种功用和形态。

·珠宝首饰图案设计中，既要保持点、线、面的独立性，又要体现三者之间的互衬、对比、协调的空间关系，从而达到丰富装饰图案的视觉效果。

·材料本身的特点以及制作图案所使用的工艺方法，对图案最后效果有极大的影响。

·在首饰图案的呈现过程中，材料本身的特性尤为关键。根据目前常用的材料来看，制作工艺大概有：拼贴、绘制、印刷、编织、花丝、锻造、錾刻、镂空、纹样材料、嵌错等。

思考题

1. 珠宝首饰图案设计中，线的设计有哪些注意事项？

2. 如何通过花丝工艺表现首饰设计中的图案？

参考文献

［1］薛艳. 动物图案设计 [M]. 北京:中国纺织出版社有限公司,2020.

［2］陈建辉. 服饰图案设计与应用 [M]. 2 版. 北京:中国纺织出版社,2013.

［3］闫晓华. 装饰图案造型设计 [M]. 北京:清华大学出版社,2007.

［4］李芳. 装饰首饰设计手册 [M]. 北京:清华大学出版社,2020.

［5］孙嘉英. 首饰艺术 [M]. 沈阳:辽宁美术出版社,2006.

［6］吴山. 中国纹样全集 [M]. 济南:山东美术出版社,2009.

［7］贺云翔. 中国金银器赏鉴图典 [M]. 上海:上海辞书出版社,2006.

［8］陈征,郭守国. 珠宝首饰设计与鉴赏 [M]. 上海:学林出版社,2008.

［9］陈奇相. 欧洲后现代艺术 [M]. 北京:三辰影库音像出版社,2010.

［10］杭间. 从制造到设计:20 世纪德国设计 [M]. 济南:山东美术出版社,2013.

［11］马永健. 后现代主义艺术 20 讲 [M]. 上海:上海社会科学院出版社,2006.

［12］李砚祖. 外国设计艺术经典论著选读 [M]. 北京:清华大学出版社,2006.

［13］李明. 浅析汉字题材首饰的设计 [J]. 延边教育学院学报,2012,26(2):13-15.

［14］邹宁馨,付永和,高伟. 现代首饰工艺与设计 [M]. 北京:中国纺织出版社,2005.

［15］安娜斯塔尼亚·杨. 首饰材料应用宝典 [M]. 张正国,倪世一,译. 上海:上海人民美术出版社,2010.

［16］马修·伦福拉. 金属锈蚀着色:为首饰设计师与金工匠人呈现 300+ 缤纷的色彩效果 [M]. 王磊,译. 上海:上海科学技术出版社,2020.

［17］厉宝华,袁长君,霍凯杰,等. 金属装饰锻錾工艺 [M]. 北京:清华大学出版社,2018.

［18］胡俊,陈彬雨. 金工记:金工首饰制作工艺之书 [M]. 北京:中国纺织出版社,2018.

［19］李鑫. 植物纹样在首饰中的设计应用 [D]. 长春:长春工业大学,2020.

［20］宋简. 传统花卉纹样在首饰设计中的应用 [D]. 北京:中国地质大学(北京),2021.

［21］王怡然. 宠物元素在首饰设计中的应用研究 [D]. 北京:中国地质大学(北京),2021.

［22］胡荣. 汉字首饰设计研究 [D]. 昆明:云南师范大学,2018.

［23］胡世法. 欧美当代艺术首饰创作理念研究 [D]. 上海:上海大学,2021.

［24］田冰瑞,黄琳,方修. 浅谈趣味动物造型与首饰设计的结合 [J]. 宝石和宝石学杂志,2014,16(4):82-88.

［25］吴二强. 文字介入首饰艺术《文脉——关于汉字笔画》艺术胸针创作谈 [J]. 上海工艺美术,2010(3):64-65.

［26］王冬艳. 谈绘画构图中点、线、面的应用 [J]. 现代职业教育,2018(7):193.

［27］熊珂. 几何图案在平面设计中的应用表现研究 [J]. 科技与创新,2016(11):54.

[28] 麦源超,余培培,张文君.花卉形态在现代图案设计中的运用 [J].西都皮革,2018,40 (23):59–60.

[29] 张德胜,孙胜.浅谈当代写实花卉图案设计的现状及反思 [J].现代丝绸科学与技术, 2014,29(6):232–235.

[30] 端文新.浅析点线面的审美特性及其在产品设计中的应用 [J].美与时代(上),2014 (5):118–120.

[31] 王洋.点、线、面的思考与表现 [J].大连:大连工业大学,2017.

[32] 杨珩.几何图案在现代空间设计中的应用 [D].苏州:苏州大学,2015.

[33] 张洪瑞.阿拉伯图案艺术在首饰设计中的应用研究——植物与几何纹饰 [D].北京: 中国地质大学(北京),2015.

附 录

学生作品赏析

附图 1　装饰鱼　翡翠设计（作者：黄瑜）

附图2　星空　蓝宝石设计（作者：梁婷婷）

附图3　梵花似锦　彩色宝石设计（作者：吴枫晴）

附图4　动与静　特殊材料首饰设计（作者：雷培艺）

附图5　海精灵　珐琅首饰设计（作者：谢琦姗）

附图6　别样乐园　钻石镶嵌珠宝设计（作者：刘皓东）